Key To Living The Law Of Attraction

THE LAW OF ATTRACTION

吸引力法则

A Simple Guide
to Creating
the Life
of Your Dream

【美】杰克·坎菲尔德　D.D.沃特金　著　张彩　译

光明日报出版社

图书在版编目（CIP）数据

吸引力法则 / (美) 坎菲尔德, (美) 沃特金著 ; 张彩译 . -- 北京 : 光明日报出版社 , 2015.4 （2025.2重印）

书名原文 : The law of attraction

ISBN 978-7-5112-8106-7

Ⅰ . ①吸… Ⅱ . ①坎… ②沃… ③张… Ⅲ . ①成功心理—通俗读物 Ⅳ . ① B848.4-49

中国版本图书馆 CIP 数据核字 (2015) 第 058115 号

版权登记号：01-2015-1987

吸引力法则

XIYINLI FAZE

著　　者：〔美〕杰克·坎菲尔德　〔美〕D.D.沃特金　　译　　者：张　彩

策　　划：双螺旋文化
责任编辑：杨　茹　　责任校对：傅泉泽
特约编辑：唐　浒　伍四运　　责任印制：曹　诤
封面设计：门乃婷工作室　　特约技术编辑：张雅琴　黄鲁西

出版发行：光明日报出版社
地　　址：北京市西城区永安路106号，100050
电　　话：010-63169890（咨询），010-63131930（邮购）
010-63497501，63370061（团购）
传　　真：010-63131930
网　　址：http://book.gmw.cn
邮　　箱：gmrbcbs@gmw.cn
法律顾问：北京市兰台律师事务所龚柳方律师

印　　刷：固安兰星球彩色印刷有限公司
装　　订：固安兰星球彩色印刷有限公司
本书如有破损、缺页、装订错误，请与本社联系调换，电话：010-63131930

开　　本：145mm×210mm
字　　数：150 千字　　印　　张：7.5
版　　次：2015 年 6 月第 1 版　　印　　次：2025 年 2 月第14 次印刷
书　　号：ISBN 978-7-5112-8106-7-01

定　　价：29.80 元

目　录
Contents

致谢

我们要向以下的人表达感激，由于他们的大力支持和贡献，这本书才得以完成：

首先，感谢我们的家庭一直以来的耐心、爱和支持。

感谢帕蒂·奥伯里（Patty Aubery）的洞察力、投入和幽默。感谢蒂娜·伦格（Tina Renga）的快乐和无限的热情；感谢拉斯·卡莫斯基（Russ Kamalski）对这个项目的指导、信任和坚持。感谢我们走过的每一步都有你们的陪伴，并且你们为这个旅程注入了智慧、爱和笑声。

感谢这本书的出版商，我们的朋友彼得·韦格索（Peter Vegso），感谢他对这个新探索的持续支持。

感谢韦罗妮卡·罗梅罗（Veronica Romero）、莉莎·威廉斯（Lisa Williams）、罗宾·耶瑞安（Robin Yerian），你们用技巧和爱支持着杰克的事业。

我们真心地感谢和爱你们所有人。

——杰克·坎菲尔德和D.D.沃特金

∥ 感谢 ∥

D.D.在这里要特别感谢她的女儿玛丽萨(Marissa)——她在整个项目过程中表现出了极大的耐心,她是美好和灵感的不竭源泉;感谢她的继子克里斯汀(Christian)天生知道如何去信任和接受;感谢李(Lee)如此地爱我,当我需要发展时给了我充分的自由。每一天我都充满感激,感激我的姐妹们给予的支持和鼓励,她们是梅拉妮(Melanie)、斯蒂芬妮(Stephanie)和波莉(Polly);感谢我母亲玛莎(Martha)的创造性、仁慈和优雅,儿时是她引导我去爱文字、诗歌和所有美好的事物。还有维基(Vicki)、蓝迪(Randi)、乔治娅(Gear-gia)、格拉姆(Gram),父亲以及弗兰克(Frank)——你们是我在这个旅程中的导师和伙伴……感谢你们所有人,我爱你们,一直,永远。

——D.D.沃特金

序言

有句话说得好，一旦学生准备好了，老师自然就出现了。

如果你正在阅读这本书，那么显然你已经为你自己的发展进阶做好了准备，你已经开始准备有意地创造和接收更多你想要的东西了。这就是吸引力法则。通过自觉地、有意识地运用吸引力法则，你可以更轻松地创造你真正想要的人生，享有更多的快乐。

现在很多人将吸引力法则作为一个“秘密”。事实上，吸引力法则既不是一个新概念，也不是一个新发现。它已经存在了几千年，帮助人类度过了一个又一个困境，而我传授这个法则也有三十多年了。随着DVD影片《The Secret 秘密》的发行和放映，电影中的许多导师（包括我自己）被欧普拉（Oprah）、赖利金现场（Larry King Live）、今日秀（The Today Show）、蒙特尔秀（Montel）、艾伦·德杰尼勒斯秀（The Ellen Degeneres Show）、“夜线”（Nightline）等报道出来。现在，关注和运用吸引力法则已经变成主流文化的一部分。

知道吸引力法则之后，你最终会明白，是你自己创造了你的生活，你得为自己在这个世界的生存状态负全部责任。如果你希望外在世界发生变化，首先必须乐于让自己的内心作出必要改变。而一旦你的内心改变了，这种变化就会散发在空气里，飞舞在电波中，整个宇宙都会接到你的讯号。

我们心中似乎都有一个共同的渴望：回归到一个更简单、更快乐的地方和时代。并且我们也知道，我们的内心世界远比我们外在经历的人生要丰富得多。请相信，获得更美好的现实是可能的，只要为此做好准备。

我们渴望去理解彼此之间的联结、生活的目的，以及我们自己。作为一个人，我们常常自省：我们最看重的是什么？我们需要怎样的生活环境？我们在探寻怎样的深层意义？

我希望通过本书，以及你对吸引力法则的透彻理解，你也能获得对自己更清楚、更深刻的认识——一种“你真正是谁”和“你为什么在这里”的觉知。

这本简单的指南是你的一把钥匙。这把钥匙能打开你梦想未来的大门，能带领你到更快乐、繁荣和富有的道路上。

我的愿望是：当你阅读本书时，你会发现自己被“我自己可以创造想要的人生”的想法所激励。而且，通过运用书中介绍的基本工具、技巧和观念，你会让自己充满力量。

其实，这本书能到达你的手上只有一个原因，那就是，此时此刻，你可以开始一种真正自我觉知的生活——一种充满目标和意义的人生。从今天开始，你可以与你内在的真实和智慧重新联结，你可以学着信任你的直觉、提升你的意识、接受你的情感。只要遵循事物的自然法则，一切顺其自然，你就可以生活在真正的信任、感激和愉悦之中。当你做出这些改变的时候，你将会看到一个个奇迹在你周围发生了！

记住，你不可避免地要和这个宇宙中的每一个人、每一件事联结在一起。你一直都保有这种联结。每时每刻，宇宙都在自动回应你的每一个思想、情感和行为。这就是万物运行的简单方式，我们别无选择。宇宙就像一面镜子，你发出的每一种能量，都会反馈给你。有时候是这种方式，有时候是那种方式，事情和经历总是与这些思想和能量相契合……这一切都表明，吸引力法则正在你的人生中运转。这就是伟大宇宙在运作的最完美证明，一个永恒不变的宇宙法则。你要知道，吸引力法则是对偶然事件、意外和祈祷的力量最科学的诠释。

了解这些之后，如果你想汲取更多的快乐和成功，就必须让自己的生活节奏与宇宙的自然节拍保持协调，并且与吸引力法则保持一致。你要让自己生活在更加感恩、更加平和、更高自我觉知的状态之中。快乐是你与生俱来的天性和权利，你应该学着顺应你的天性，使用你的权利，做你喜欢的事情，探寻生命的喜悦，寻找一种合适的方式表达自己，舒展自己。这是你不可推卸的责任。如果我们每一个人都能找到自己的快乐，为自己的快乐负责，那么，就能为我们生存的世界创造最根本和最有意义的价值。

想象一下，如果世界上的每一个人都按照这种方式生活，那将会是怎样的一种景象——每一个人都懂得对自己的思想和行为负责，我们就会愿意付出更多，变得更有爱心、同情心和感激之心。而按照吸引力法则，当我们变成更快乐、更感恩的个体时，我们就创造了一个与所有美好的事物相一致的振动频率，宇宙会接收到这个频率，我们会吸引更多的快乐和富足。这样，我们的世界就会变得越来越美好。你看，我们的力量是多么巨大，我们是在转化整个星球的能量为我们所用！

这是一把实现真正成功的钥匙。

这是运用吸引力法则的关键。

好了，你的旅程就从这里开始，从此刻开始。武装你自己——用这把钥匙，打开通往成功、快乐的大门，走向你想要的人生。

在这条路途上，我会引导你走每一步。有意识地运用吸引力法则，这将会改变你的思考方式、你与整个宇宙交流的方式、你的人生，乃至整个世界。让我们开始真正意义上的人生吧。

你在这里，只有一个原因——这个世界需要你。

预想你想要的未来。

创造你的梦想人生。

看到它，感觉它，相信它。

“要相信，让宇宙产生影响和运转的是信念。信念不是盲目的，它是可以想象的。信念就是相信宇宙是站在我们这边的，并且宇宙知道怎样让我们的愿望实现。”

——无名氏(Author Unknown)

第一章
吸引力法则

掌握吸引力法则是创造梦想人生的关键

吸引力法则是宇宙中最强大的法则。就像地心引力，无时无刻不在发挥作用，而此时此刻，它就正在你的生命中运作着。

简单地说，吸引力法则就是：你关注什么，就会将什么吸引进你的生活。任何你给予能量和关注的事物都将来到你身边。因此，如果你坚持关注生活中美好的、正面的事物，你就会自动地将更美好和正面的事物吸引入你的生活；如果你关注不好的和负面的事物，那么更多不好和负面的事物就会被你吸引过来。

你正如自己所想。

——罗伯特·舒勒博士(Dr. Robert Schuller)

你一直处于创造的状态中。你一直在创造。每时每刻你都在创造自己的生活。你是经由每一个简单的思想来创造未来的:无论是有意识的还是无意识的。你无法做到停止片刻不去创造,因为创造从来不会停止。所以,吸引力法则也从来不会停止运作。

因此,掌握吸引力法则是如何运作的,对成功最为关键。如果你想改变你的生活,并且希望自己能够创造惊人的未来,那么你需要了解你自己在吸引力法则中的作用。

让生活降临在你身上是不可靠的,

创造自己的生活是你神圣的权利。

——拉姆萨(Ramtha)

这一原则的工作原理是:相似的吸引相似的。如果你感到兴奋、热情、激昂、愉快、欢乐、感激或者丰足,那么你发射出的就是正面的能量。相反,如果你感到烦躁、焦虑、压力、生气、愤恨或者悲伤,那么你发射出的就是负面的能量。通过吸引力法则,宇宙对这两种振动都会做出热心的回应,它只是简单地回应你所发出的能量,并且回馈给你更多相似的事物。你收到的正是你发出的。在任何一个时刻,任何你的思想和感受都是你向宇宙发出的请求,宇宙就会回应给你更多你"请求"的东西。

因为你的能量振动频率会将同样振动频率的能量吸引回来,所以你要慎重,你需要确定你在持续发送的能量、思想和情感与你想成为什么样的人、你想怎么做和你想经历的事情产生共鸣。你的能量频率需要与你希望吸引进你生活中的事物的频率相一致。

比如说，如果爱和喜悦是你想要的，那么爱和喜悦的振动频率就是你需要创造的。

你可以这样考虑，这一原则很像发射和接收无线电波。你的频率必须和你希望接收的频率相匹配。你不能将收音机调到调频98.7却希望收到调频为103.3广播电台的节目。你的能量必须与发送者的能量频率同步或者相匹配。因此，必须将你的振动调整到一个积极的频率上，你才能吸引积极的能量回应于你。

另外一个很好的例子是音叉。当你敲打一个音叉时，你就激活了它，它会发出特定的声音和频率。现在，在一间屋子里，放满了音叉——但只有那些与我敲打的音叉发出的频率完全相同的音叉才会做出振动反应。它们与跟自己相匹配的频率自动地联结，并且自动地做出反应。这个例子给我们的启发是：你必须调整自己的频率，以使自己与希望吸引的事物发出的频率保持一致，产生共鸣。所以，为了创造一个美好的未来，你需要让你的能量、思想和情感保持在积极美好的频率范围之内。

你可以学着去管理你的思想和情感，也可以学着回应，而不仅仅是对生活状况被动反应。这样你就可以让你的思想、情感与你想要吸引的事物保持同一个振动频率。

遗憾的是，大多数人终其一生只是对发生在身边的事件和结果做出被动的反应。也许你正过着糟糕的日子，或许你已经厌倦了你的工作，或者有人不公正地对待了你。假定，你的思想、你的情感对这些情境做出了消极的反应，你生气、沮丧或者烦乱。在这件事情中，你是无意识地对情境做出了反应，而不是有意识地去回应，而且你的消极思想和情感自动地向宇宙发出请求，宇宙就回馈给你更多同样消极的经验。为了实现一个更积极的结果,我们必须学会有意识地用不同的、更积极的方式作出回应。

重复旧的方法,只能得到旧的结果。

——安东尼·罗宾斯(Anthony Robbins)

值得高兴的是,一旦你理解了吸引力法则,知道了吸引力法则是如何发挥作用的,你就可以开始有意识、有目的地去创造一个更好的人生。你可以选择灵活地回应每天生活中发生的各种事情。你可以选择关注和思考你想要的事物。你可以选择去经历让你感觉美好的事情。你可以选择去管理你的思想和情感,进而有意识地踏入到创造美好未来的征途中。

未来是今天创造的,不是明天。

——罗布特·柯约萨克(Robert Kiyosoki)

期待奇迹

吸引力法则允许无限可能、无限丰富和无限快乐。吸引力法则让我们知道没有什么困难是不能克服的，吸引力法则能够改变你生活的任何一个方面。

为了真正地了解吸引力法则是怎样在我们的生活中发挥作用的，我们需要思考一些事情。

让我们从头开始。

宇宙有无限可能；我们的生活是由我们的思想创造的。

——马鲁斯·安东尼勒斯(Marcus Antoninus)

第二章
你是什么

你是能量

纯净而简单。你、太阳、月亮和星星都是由相同的材料组成的。你是一个能行走的、会说话的、以人类身体形式体现出来的智慧能量体。你由细胞组成，细胞由原子组成，原子由次原子粒子组成。什么是次原子粒子？是能量。

一切都是能量。
所有的物质都是能量。
能量不能被创造或者毁灭。
能量转换能量。
能量均匀地分布在所有的时空之中。
能量会持续运动，从不停歇。
永远是从一种形式到另一种形式。
能量随思想而动。

宇宙中没有一块多余的材料。每一个人的存在都是因为有一个特定的位置需要他去填满，就像七巧板中的每一小块都必须将自己填充到大的拼图中，缺少任何一块都不能完成拼图，也不会多出一块没有地方可以填充。

——迪帕克·乔普拉(Deepak Chopra)

你是被联结的

你和所有的事物、所有的人都是联结在一起的。你绝对是更伟大的整体中独一无二的一部分，是构成整个宇宙不可或缺的一部分。你是处于一个更大能量场中的能量体。你是更强大力量的一部分，你是上帝的一部分。只要你要求，整个宇宙的智慧都是你的。

想一想互联网。你看不见它，触摸不到它，但是你知道它在那里，真实地存在着。这是绝对真实的。这是一种看不见的能量联结，这种联结把我们和所有人联系起来。我们通过更多相同的途径与每一个人、每一事物联结在一起。

你有过这样的经历吗？那些跟你亲近的人，他们说了半句话，你就知道他们后面要说什么，而且你能将后半句接起来，或者你们会异口同声地说同样一件事情。这不是偶然，这是一种联结。这是最好的例子，说明我们是怎样与周围人发生着真实的联结。

所有的人都有这样的经历：当我们开始想一个人，也许是一个我们谈论了好几年、但从来没有见过面的人，几分钟之后，电话铃响了，电话的那一端正是我们想的这个人。“我刚才正想着你呢！”我们惊讶地解释。在他们给我们打电话之前，我们真的已经了解了他们的意图。我们的思想以让人吃惊的速度穿越时空。通过联结，你能够接收到在拨号之前他们思想和意图传达出来的能量。或者也许是由于你在想着他们，你的思想传递了能量，通过联结刺激了他们，于是他们给你打电话了。

基于吸引力法则，我们每一个人都是一个强力的磁铁，会吸引来更多我们在任何时刻所感受到的事物。

——埃丝特和杰瑞·希克斯(Esther and Jerry Hicks)

你是磁铁

你是一块活化的磁铁。你实实在在地将那些与你的能量有相同振动频率，能够发生共鸣的人、事、物、思想和环境吸引到你的生活中。你的能量场基于你的思想和情感，在不断发生变化；而宇宙的运作就像一面镜子，将你发射给它的能量反馈给你。你的思想和情感越强烈、越有力，你的磁引力就越强。

并且，你看，这是一个不需要任何真实努力的过程，一块磁铁是不用“努力”去吸引任何事物的——这是磁铁最自然最简单的特性，我们就是这样的。你从来没有停止过将东西吸引进你的生活，一直以来都是这样做着的。

你是否意识到，你此时此刻的生活正是现在和以前所有你的思想、行为、所相信的和所感受的集合?那么,你可以从现在开始,有意识地去吸引那些今生你想要的东西。运用吸引力法则,你能够吸引理想的人生伴侣、资源、财富、想法、策略和环境——任何你想要的东西。

万法由心生。

——佛陀(Buddha)

你是强大的

你比自己认为的更强大,更有力。你创造了你生活中的一切。一旦你完全领悟了这一点,并且承担起责任,你可以做任何你想要做的事情。你是你自己人生篇章的作者,你可以选择任何一个你希望的方向。

你完全有能力去改变你的人生。

你完全有能力去创造你想要的未来。

你拥有无限的潜力。

一旦你做出了决定,整个宇宙都会帮你去实现。

——拉尔夫·沃尔多·爱默生(Ralph Waldo Emerson)

第三章
你是谁

思想就是现实

你的思想并不仅仅是你头脑中漂浮的淡淡云彩。你的思想就是现实。它们的确是可以测量的能量单元。思想是生化电冲动。据我们所知,思想是能量波,渗透在所有的时空中。

思想是行为的演习。

——西格蒙德·弗洛伊德(Sigmund Freud)

你的思想异常强大

它们是真实的,它们是可以测量的,它们是能量。

你产生的任何一个思想都是你对宇宙发出的一种请求。你拥有的任何一个思想都会引起你的某种生理变化。对于宇宙来说,凡是你所想的,就是你要的;凡是你所感受的,就是你要的;凡是你所做的,就是你要的。总之,你就是你一直所思所感所做的产物。并且,你今天的思想、感受、行为都将决定你明天的经历。所以,你看,用积极的方式思考和行动是多么地势在必行、刻不容缓,这直接关系到今生你最终想成为什么样的人、想做什么、想经历些什么。

人生就是一种复写器的游戏,我们的思想、
行为和言语,以一种令人吃惊的精确的方式,
或迟或早都会回应到我们身上。

——弗洛伦斯·希恩(Florence Shinn)

思想影响身体

从复写器或者测谎仪我们知道,我们的思想会让我们的身体产生反应。它们改变我们的体温、心跳、血压、呼吸节律,决定我们的肌肉紧张度以及手心出汗的多少。我们以测谎仪为例,来看看思想是如何影响身体的。连接上测谎仪后,你被问了一个问题:“是你拿了钱吗?”如果的确是你拿了钱,你却撒谎说没有,你的手心可能会出汗,或者变凉,你的心跳会加速,你的血压会上升,你的呼吸会急促,并且你的肌肉会紧张。虽然这些生理反应不单单会在你撒谎的时候发生,但的确是对你的每一个思想的反应。在你身体里面,

每一个单一的细胞都会被你每一个单一的思想所影响。

我承认思想影响身体。

——阿尔伯特·爱因斯坦(Albert Einstein)

由此可见,尽可能地去正面思考是多么重要！消极思想是有害的,它们以一种消极的方式影响你的身体。它们让你虚弱,让你流汗,让你肌肉紧张,甚至在你的体内制造更多的酸性环境。消极思想增加了患癌症(癌细胞偏爱酸性环境)和其他疾病的可能性。同样,消极思想会发射出一种消极的能量振动频率,然后会吸引来更多的拥有同样振动频率的经历。

相反地,积极的思想会以一种积极的方式影响你的身体。它们会让你觉得更轻松,注意力更集中,意识更警觉。积极思想会刺激大脑释放更多的内啡肽（内啡肽是一类内源性的具有类似吗啡作用肽类物质；在内啡肽的激发下，人的身心处于轻松愉悦的状态中,免疫系统功能得以强化,并能顺利入梦,消除失眠症),减轻痛苦,增加愉悦。除此之外,你的积极思想还会散发出一种积极的能量振动频率,吸引更多的积极经验回到你的生活中。

科学上已经证实,一个正面思想的力量,

胜过一个负面思想的力量数百倍。

——迈克·贝奎斯(Michael Beckwith)

你的意识和潜意识

大多数人都非常了解自己的意识，吸引力法则提醒我们，了解潜意识同样重要。我们的潜意识就像是在放电影，是我们生活的时时刻刻的背景。而我们大多数人习惯在头脑中播放消极的电影画面，也就是说我们一直在发出消极的讯息。如果你想让生活更美好、更成功，那么你必须学着重构你的潜意识，将你的消极电影画面转变成健康、积极的画面。通过近距离地观省你的信念和自我意识，你能够做到消除任何一种受限的或消极的思想，进而重构你的潜意识。记住，消极的自我对话就像是对电话信号的一种静电干扰，它将干扰、歪曲甚至屏蔽掉你积极的频率。一定要改变这种消极的自我对话，否则它将减弱你创造和实现你理想未来的能力。

有时候你必须放弃一些事情……净化你自己。

如果任何事情对你来说都是一种不快乐……

无论是什么让你如此低迷，都要将它清除掉。

因为你会发现，一旦你自由了，你真正的创造力、

你真正的自我就会显现。

——蒂娜·特纳（Tina Turner）

很不幸，我们大多数人都有一个非常顽固的倾向：坚持我们旧有的消极思想和自我认知。旧有的消极思想和自我认知是一个让我们舒服和安全的地带，我们习惯于接纳熟悉的现实概念，倾向于坚持缺乏、恐惧和怀疑的潜意识信念。这些受限的思想和情感大多数滋生于过去的生活事件、信念和经历，随着时间的推移，这些思想和情感已经内化为我们的一部分，变成我们的个人真理。这些消极思想会妨碍我们完全地成长和充分地发挥潜能，除非我们能够有意识地决定抓住它们，释放它们，让它们走开。

想象一下，你踩着刹车试图开动一辆车，不管你怎么加速，刹车一直让你保持不动；而一旦你松开刹车，你就会自然而轻松地快速开动。你受限的思想、感受和行为就像一种心理上的刹车。它们让你虚弱，拖慢你的进程，除非你能痛下决心释放这些消极的思想、感受和行为，并且用更积极的思想和信念代替它们。

你必须乐于释放你的消极心理因素，跨出你的心理安全区，从而能够为积极的、健康的自我意识和信念系统腾出空间。这将改变你的能量振动频率，进而使你能够更容易、更有效地吸引那些你在生活中所渴望的积极能量和经验。

信念就是你的习惯思维，你完全可以改变它，通过宣言、积极的自我对话、行为的改变，以及视觉化技巧等方法。这些都是释放旧有消极思想模式的非常有效的工具，在接下来的章节中我们会逐一介绍这些强力、有效的技巧。

如果你发现你的消极程序根深蒂固，你很难将其清除，那么你或许可以尝试另外一个方法。我发现了三个非常有效的清除技巧，

它们对于清除消极的思维模式、信念和情感极其有效。它们是:

海尔·多沃斯金(Hale Dwoskin)的塞多纳术

www.sedonamethod.com

拜伦·凯特工作法(Byron Kate)

www.TheWork.com

情绪自由技巧

www.emofree.com

上述的每一个网站上都包含了书籍、音频课程和研讨会,帮助你学会如何快速和强效地清除你的消极心理程序，回归到一种纯净的意识状态。

人的思想能够想到和相信的,人的思想就一定能够实现。

——拿破仑·希尔(Napoleon Hill)

你的意识

有意识的思维是你的一部分，你每天的所有决定都是它来完成的。你的自由取决于此,运用有意识的思维,你可以决定什么是你想在生活中创造的。运用你思维的这一部分,你可以接受或者拒绝任何一种思想。没有任何一个人或者环境可以强迫你有意识地思考你没有选择的想法或念头。你选择什么样的思想,相应地,最终决定你过什么样的人生。通过训练，再加上一点有意识的努力，你就可以学会指引你的思想只去关注那些美好的部分。你的有意识思维是很强大的，但它是你的思维中很有限的一部分。

你的潜意识

你的潜意识要有趣得多。它经常被看做是你精神的或宇宙的大脑，除了你有意识地选择的那些，潜意识没有任何局限。你的自我意识和习惯是由潜意识决定的。潜意识影响你身体的每一个单一的细胞。相对于意识，潜意识是你与你的最高自我在一个更高水平上的联结。潜意识是你与资源的联结，更是你与宇宙无限智慧的联结。

意识具有以下特点：
有限的加工容量；
短时记忆（大约20秒）
同时处理1~3件事的能力；
神经冲动以时速120~140英里传导；
平均每秒加工2000比特信息的能力。

你的潜意识是自动化的，时刻与你相伴，并且只以现在时工作。它储存着你过去的经验和记忆，它管理着你的所有身体动作、皮层功能、心率、消化等等。你的潜意识是机械的思考者，它会毫不犹豫、不作分辨地接受意识选择思考的每一个思想。这意味着只要愿意，我们就可以有意识有目的地重设我们的潜意识信念，并且让潜意识必须接受新的想法和信念，而不能拒绝它们。

我们真的可以有意识地做出一个选择，去改变我们潜意识的内容。

潜意识具有以下特点：
扩展的加工容量；
长时记忆（过去的经验、态度、价值观和信念）；
同一时间处理上千事件；
神经冲动的传导速度超过100,000迈（英里/每小时）；
平均每秒钟加工4,000,000,000比特的信息。

如你所见，潜意识远比意识强大。如果把你的思想看做一座冰山的话，水面之上的冰山部分是你的意识，它仅代表了你实际大脑容量的1/6；而水面以下的部分（另外的5/6）是你的潜意识。当我们有意识地行动时（通常我们都是这么做的），实际上，我们仅仅使用了我们真正潜能的很小一部分。

因此，我们的目标就是学会接近我们最强大的潜意识，进而通过使用潜意识为我们获得最大的收益。每天我们必须拿出一点时间审视一下我们的潜意识思想。每天在一个特定时刻，自己一个人静静地度过，不要有任何外界的打扰。这样的一种静心，会让我们与真我有一个更有力的联结。我们可以运用几种技巧更好地与我们的潜意识联结。这些技巧包括：发愿、视觉化、祈祷、沉思冥想、感恩，以及使用关注积极面的技巧。

相对于意识而言，潜意识思想能带我们到达梦想之地，能够帮助我们更快、更轻松地实现人生目标。因此，与潜意识联结，充分利用它令人惊奇的速度、力量和能力，我们就能够有意识地运用吸引力法则，更有效地吸引和创造我们想要的结果。

此时此刻在你身体里蕴含了你不敢想象的力量。

你只要改变信念，这种力量就能为你所用。

——马克斯韦尔·马尔茨博士(Dr.Maxwell Maltz)

第四章
情　绪

你的情绪是一把钥匙

在运用吸引力法则的过程中,你的情绪很重要。学着倾听你的情绪——它们是一种重要的内部反馈系统,会告诉你,你的身体对你创造的振动频率状态有着怎样的内部反应。你的思想、你的信念、你看的电视节目、你听的音乐、你看的书……无论你在做什么,你都创造了一种与此相关的振动频率。

情绪是你内在导航系统的一部分。

当你感到快乐和舒展时，就表明你在正确的频率上——你正在关注的事情,你正在思考和构建的思想,你正在接受的观点,你正在从事的活动,使你不断朝向你的目标、梦想和愿望。

当你感到生气、悲伤、沮丧和无望的时候——任何一种给你身体紧缩感觉的情绪——都表明你正在思考和关注的事情都会让你偏离你的目标、梦想和愿望。这是一种你偏离正确频率的信号。你的情绪正在提醒你，现在是需要调换频道的时候了。它们告诉你是时候去思考一些更积极、更令人振奋的事情了，是时候去改变你的关注点、频道、讨论主题，并且做一些不一样的事情了。这些将会改变你的能量，并且带给你喜悦和扩展的感觉。

爱是生命。如果你丧失了爱，那么你也就失去了生命力。

——利奥·布斯卡利亚(Leo Buscaglia)

既然你的振动频率就是你所渴望吸引的事物，那么尽可能地保持积极的情绪状况就显得尤为重要了。尽可能地做到将自己的情绪保持在积极的范围内——感觉开心，感受爱，感到幸福、平和、满意、宽慰、感激、轻松和宁静。

这些情绪会提高你的振动频率，并且会创造一种与你期望拥有的经历相契合的振动，那么当你梦想时，就能梦想成真。记住，相似的吸引相似的。我们有意识地创设一种积极的情绪状态，一种我们的目标和愿望达成时的情绪状态。一旦我们创设了这种情绪状态，我们也就创设了一种吸引我们想要事物的能量。这也就是为什么我们要学着去回应环境，而不仅仅是被动地处于一个环境中。管理情绪是多么重要的一件事啊。

做那些让你感觉良好的事情吧——让你的人生有意义。当你感受到丰满和深沉时，你就在向宇宙发射更强烈的频率。你的意愿越强烈，就会越加速吸引你想要的事物来到你生命中的进程。

最最重要的是，你要找时间去做你自己喜欢的事情，照顾好自己，善待自己——不管你的生活已经多么地忙碌。

研究发现，你真正感受到的远远比你想的和说的重要得多。你的情绪从来不会撒谎，它是你思想的真实显现，无论你是否按照真我的意愿在行动，它都是你真心实意的向往。不要忽视你的情绪，也不要试图压抑你的情绪。首先，你要做的就是关注它。如果它不在积极的范围之内（希望、期待、接纳、感激、爱和快乐），那么或者选择释放它，或者，更简单地，去选择一个好一点的想法，选择去想一些开心的事情，创设好一点的情绪感受，再或者放下你正在做的事情，改而去做一些你喜欢的事情。去散散步，听听音乐，跟自己的猫玩一会儿，让自己重新回到情绪的积极范围之内。

任何你已见的发生的事情，都是你自己吸引来的。

——大卫·R·霍金斯(David R. Hawkins)

内在反馈和外在反馈

记住，快乐是你的内在导航系统，它是你非常个体化的内在反馈装置。如果你感到满足、快乐和幸福，那么你就处在正确的道路上，生活在与你的真我紧密联结的状态。如果你感觉到沮丧、悲伤或者痛苦，那么你就脱离了正确的轨道。就是这么简单。当你处在快乐或者幸福的状态，你就是在做正确的事情，那就继续做吧。注意一下你的情绪感受，让你的情绪指针尽可能指向“快乐”。这一刻你的幸福快乐是将来吸引来更多幸福快乐的关键。

现在，除了这个内在反馈之外，你也一直在接收外部反馈——来自宇宙的信息。这种反馈有很多种形式，包括你从其他人、从环境和事件那里得到的或微弱或强烈的信号。你一定经历过这样的时刻，似乎是“咔哒”一声，事情就自然且毫不费劲地聚合在了一起，在你的行动和努力中，你感受到了支持。这就是外部的反馈告诉你，你此刻下处于正确的轨道上。

与此相反，很多时候，在每一个改变的路口你都遇到了很多阻碍，无论你多么努力，事情都还是那么糟糕。这是宇宙在保护你的外在反馈，让你知道你脱离了正轨——你正逆流而上，违背自然趋势。这些内部的和外部的反馈系统，让你明确你目前是走上了正轨还是步入了歧途。你只需要花时间去试着了解这些反馈系统的指示就好了，剩下的，它自然会引导你。

每一次我做了感觉不好的事情，结果都是无疾而终。

——马里奥·科莫(Mario Cuomo)

积极情绪和消极情绪

你可能已经注意到了，当你感到感激、幸福或者开心的时候，会有一种轻盈和开阔的感觉，你感觉是被关注的，你感觉自己是活生生的。这是人的天性。这就是你的人生真谛，努力生活在快乐、精彩和感激的状态中。这些舒展的积极情绪让你感觉良好，并且能够提升你的振动频率。心中满载着爱和喜悦，你就是一块磁铁，能够吸引世界上所有美好和富足。

相反，消极情绪，比如仇恨、生气、嫉妒和恐惧，就会导致完全相反的效果。它们降低你的振动频率，让你感到焦虑、紧张和压抑。他们会导致你身体不舒服或患疾病。消极情绪总是造成一种分离的感觉，一种被孤立的感觉。他们就像一堵石墙——通往快乐真我的屏障。这些情绪会非常有效地阻碍积极的能量流向你的生活，而且会吸引更多的消极能量。

因此，如果你已经深深地陷入到生气、恐惧、怨恨或者背叛的情绪中，那么现在就是你要赶紧行动的时候了，放开这些情绪，释放这些旧有的思想和行为模式，生活在当下。继续关注你的痛苦或者愤怒，只会将更多消极和不健康的环境拉进你的生活。你需要为你想要吸引的积极情绪和经历预留空间。

愤怒让你渺小，宽恕则会拉着你跳出原来的自己。

——谢丽·卡特·斯科特(Cherie Carter-Scott)

宽恕

宽恕是一个必需的过程，也是一个最真实的转化过程。你必须愿意宽恕给你带来痛苦的人或者境遇,宽恕他们,释放他们。

继续抱持旧有的消极思想和情感,只能伤害你自己,吸引更多的消极能量。也就是说,当你不愿意宽恕某个人的时候,就像在喝毒药,不仅毒了别人,更害你自己。

你要做的就是祝福那个人。宽恕他,让他离开,并且,如果需要的话,你也要同样宽恕你自己。

通过记取你积极的过去和释放你消极的过去，你就可以为美好的未来创设空间。真正的宽恕是一剂良药,它会让你纯净、轻松和自由。毋庸置疑,它也是一个强力的方法,能够立刻将你从痛苦和愤怒的低振动频率,转换到爱和幸福的高振动频率。

在一些事情上如果你不能原谅你自己,

那么又怎么去期待他人的原谅?

——德洛丽丝·许尔塔(Dolores Huerta)

既然吸引力法则是对你的思想和情感能量振动频率的一种回应，那么你需要关注那些能够将你带入积极情绪振动频率状态的事情。很多吸引力法则的专家认为没有什么事情比感觉良好更重要。因此,要花时间去做那些能带给你快乐、让你觉得幸福的事情。

去听一听你喜欢的音乐。在沙滩上散散步。对他人友善一些。

好好地训练自己，选择与自己想要吸引的事物频率相匹配的思想和积极情绪。有意识地创设积极的感受和良好的环境,然后宇宙就会将同样的积极和美好反馈给你。

> 你必须将自己带入到与你想要的事物相一致的状态。
> 那是一种愉悦、感激和安宁的状态。但是当你感到
> 沮丧、恐惧或者生气时,这些也是在强烈地暗示你,
> 你正与你想要的事物背道而驰。
>
> ——埃斯特·希克斯(Esther Hicks)

记住,没有人能告诉你该怎样去感觉,只有你自己可以做这个决定。如果你发现自己感觉很糟糕,那么你需要反省一下,是什么让你有了这种消极的情绪——它不是任何外在的事物,而是你自己,是你对外在事物的判断、价值观念和想法让你感觉如此糟糕。因此,你选择了怎样的感知方式,也就决定了你有怎样的情绪反应。你可以有意识地选择去关注事物的积极面,然后你就发现所有的事情都是美好的。

你必须下定决心选择幸福快乐、选择乐观、选择生活在持续的感恩和快乐之中。你必须下定决心,让你的生活除了精彩还是精彩。你的情绪点燃你的能量,你的能量点燃你的未来。

不要拘泥于过去。总结过去、汲取经验或者教训，然后就将过去抛在脑后吧。除了你当下正在做的事情，没有任何事情真正重要。从这一刻之后，你可以成为完全不同的一个人，充满爱和理解，时刻准备着伸出手帮助他人，让每一个思想和做的每一件事情都是积极和促进的。

——艾琳·卡迪(Eileen Caddy)

第五章
关注事物的积极面

有意识地去关注积极的事物

吸引力法则不会筛选我们提供的信息,它不会决定什么对我们更好一些。我们拥有自由意志,并且由我们自己来决定我们把能量和注意投放在哪里。宇宙仅仅是将我们的能量和注意反馈给我们而已。如果我们集中注意于某些事情上(无论是积极的还是消极的),宇宙只是简单地对我们作出回应,反馈给我们更多相应的事物。

因此,将你的注意力倾注在你想要的事情上,而不是相反,这就显得非常重要。用一种积极的方式陈述你的愿望。你的头脑是根据情景来工作的,因此如果你说“我不想疯掉”,你就创造了“疯掉”的影像,并发出了“变疯”的振动频率。宇宙接受到了“疯掉”的频率,然后做出相应的回馈。你的关注点应该放在“想要什么”,而不是“不想要什么”。在刚才的这个例子中,你最好这样来说:“我想自己能够更喜爱和接受事物的本来面目。”

一旦你用积极思想替代了消极思想，

你就开始拥有积极的结果。

——威利·纳尔逊(Willie Nelson)

从根本上来说，你必须避免向宇宙发送混乱的信号。这些混乱的信号会阻碍你用清晰有力的方式吸引和显现事物的能力。

举个例子来说，当你正在“抗拒”某些事情，你就是在真正地复制它，你就会创造更多的你想从生活中清除掉的事物。如果你“反对战争”，想一想，这里发生效用的单词是“战争”，而这个恰恰是你将要得到更多的东西。恐怖主义战争带来了更多的恐怖，暴力吸引暴力。更好的选择是“主张和平”。因此，宇宙会接收到“和平”的振动频率，然后做出相应的回馈。爱吸引更多的爱。

做出这个简单的改变吧。有意识地去重构你的思维方式和说话方式；如果你不愿在生活中出现某些事物，那么就避免为它们提供任何能量。只要有可能，避免消极的人影响到你的思想和情感，避免他们影响你的生活。

维持现状不能让我们有所进步。

——马克斯·德普雷(Max Depree)

消沉是非常可怕的，通过晚间新闻和日报，它偷偷地潜入我们的生活。它随处可见，显得那么的稀松平常——我们已经习惯了日常提及的战争、犯罪、暴力和贪污，对这样的消息视若无睹。自我保护一下，别再关注这方面的信息。你必须停止关注你不想要的事情。停止谈论它们，停止阅读它们，而且要停止诉说它们是多么的糟糕。只把你的心思花在你想要吸引的事物上面。记住，你关注什么，你的能量就会流向什么。

我们大多数人都习惯用消极的方式来表达事情，这并不奇怪，但我们的确没有必要这样做。这仅仅是一个坏习惯。记住，从这一刻开始，只关注你想要的东西。不仅在你独处时，你要这样做；在你与他人交流时，你也要这样做。尽量避免使用任何限制或者消极的语言。你头脑中的任何一条思想，你说的每一个字词，都是发送给宇宙的一条信息。你在持续地向宇宙发送关于你未来生活体验的指令。

学着用正面语言代替负面语言。

这里有几个例子：

将“我不想迟到”改成“我会准时的”

将“我不想忘记”改成“我会记住”

将“我不能……”改成“我开始……”

将“不要摔门”改成“请轻轻地关上门”

将“你的房间真是脏乱”改成“请保持房间洁净”

将“不要制造这么多噪音”改成“请安静一点”

认真想一会儿。如果你告诉某个人“别把玻璃杯打翻了,那样你会把牛奶倒出来的”,这样一来你的头脑中会出现什么样的影像呢?自然地,你预想了一个打翻了的玻璃杯和一摊牛奶。你要避免产生这样的思想、影像,以及你不想要的事物的能量振动……将你的注意力停留在与你想要创设的生活相一致的思想和影像上。这样一来,你不想要的东西的影像就不会被灌输到你的大脑里,同样也不会灌输到宇宙的大脑里!

我们的确有这样一种倾向:我们习惯于关注我们生活各个方面有这么多的不如意,比如健康方面。回想一下,有多少次我们生病或者面对疾病时,我们会全神贯注于疾病以及疾病所带来的痛苦感受上,而不是将心思放在变得健康上。一旦你改变了关注点,你就会将你的能量和思想导向更好、更健康上面。保持积极乐观的思想,把自己当做健康和完整的。生病时,将你的正面能量、思想、影像、发愿、祈祷和冥想与你正在使用的药物治疗结合起来,就能让你更快康复。

记住,在你生活的任何一个方面,尽可能地将你的注意力放在你想要的东西上,而不要放在你不想要的事物上。

心理和身体健康的秘密就在于既不忧伤过去,

也不忧虑未来,更不空想困难……只是理智

并且认真地活在当下。

——佛陀(Buddha)

想想看，我们每天花了多少时间来谈论我们的问题，关注我们生活中出现的各种麻烦。从现在开始，跟自己做个承诺，转换你的能量，并且开始正面地思考和交谈。

一旦你开始注意你在关注什么，你就会惊奇地发现，你的思想、语言和行为一不小心就溜到与你真正想要的相反的方面去了。记住，你一直在吸引事物，因此停止吸引你不想要的事物，开始吸引你想要的事物吧。将注意力引导到那些有价值的事物上去，引导到与你的理想、目标相一致的事物上去。

顺便说一下，其实注意到你不想要的也没有太大的关系。关键在于你注意到了之后会怎么做。我们可以把这当做决定你想要什么的第一步，但一定要改变在不想要的事物上面投入太多能量和注意的习惯。想一想你不想要的，就足以帮助你明确什么是你想要的了。这在一定程度上会让你对自己的需求更明确。记住，要将你的注意重新引回到正面的事物上，并且坚持下去。

与你想望的未来保持相同的振动频率。

关注你自己和他人的优点。

关注你生活中的轻松和美好。

一个具有正面思想的人就会激活他周围的积极世界，

并且将正面的结果带回给他。

——诺曼·文森特·皮尔博士(Dr. Norman Vincent Peale)

第六章
感受富足

富足是人类的自然状态

我们生活在一个强调缺乏和不足的世界里。旧有观念告诉我们:资源是有限的,美好、成功也是有限的。但实际情况是,这是一个富足的世界。没有缺乏,没有不足。在这个世界里,有充足的食物、金钱、愉悦、幸福以及精神力量和对每一个人的爱。

如果你想让你的生活充满爱,那么就去关注爱。因为爱是你想吸引的东西。对他人和自己更有爱心,更慷慨一些。创设爱的振动,你就会自动吸引更多的爱进入你的生活。去关注那些你想在生活中创设的东西,并且记着去感激你已经拥有的那些。感激本身就是一种富足,感恩的振动频率会吸引来更多值得感激的事物。

富足并不是挣来的，它是我们接收到的。
这个世界从来不缺乏让你过上你喜爱的
生活的机会，仅仅是缺乏让它发生的途径。

——韦恩·戴尔（Wayne Dyer）

举个例子：如果你想富有，那么你就要开始关注流入你生活的财富和金钱。为你最喜爱的慈善团体捐一次款，让你知道自己有这个能力。为了获得，你必须先给予。单单是想着完全的财富自由就是一件让人开心的事情。想象你可以做任何你想做的事情，想象你可以去任何你想去的地方，想象富足是怎样改变你的生活的。像真的发生了那样去想象和体会梦想成真时的感受。同时，想一想怎样用你的财富去帮助他人，然后再让你的财富返回来。想象一下因为你的帮助使他人的生活有了真正的不同，那将是多么美好的事情呀。记住花点时间去感谢你已经拥有的一切。这样做的时候，你就创设了一种振动，这种振动与你想要吸引进你未来生活中的富有相一致。

当然，这并不意味着你什么也不需要做，只要想象就可以了。它只是让你明白，为了在你的生活中创造和接收富足，你必须使你内心感受与你外在追求的目标保持一致。你必须清楚自己想要什么，并且相信它会实现，在你的信念中保持一种期待，然后就是脚踏实地去行动，实践你的想法。你必须跟随你的灵感冲动，与你想要吸引的事物保持同样的振动，相信结果已经为你而存在了。你不必再跟现实抗争，你只需要轻松地跟随自然的节奏和生命的流程顺流而下。

无论我们在等待什么——平和的心态、
满足、优雅、简单丰富的内在意识——它
都已经来到我们身上，只要我们准备好
接收他们，以一颗开放和感恩的心。

——莎拉·本·布雷斯纳赫(Sarah Ban Breathnach)

当你把富足当成目标和理想时，整个宇宙就会调动所有的力量全力支持你。宇宙将会对你的热情和愿望做出回馈。因此，开始关注你发出请求的同时你生活中同步发生的事情吧；关注你吸引着的所有机会、观点、人和资源，向它们开放自己，并且乐于突破旧有的模式。做你爱做的事情，对它们充满热情，对自己充满信心。新机会经常以一种令人惊讶的方式展现出来。

如果你愿意全身心地投入到你的梦想之中，那么所有必需的资源，包括金钱，都会随之而来。

对宇宙来说，不存在“困难”这个程序，而且世界也从来都不缺乏金钱。如果你现在债务缠身，那么就列出一个还债计划，记牢它，然后将你的注意力从债务上移开，转而关注你正在创造的财富。

并不是我们拥有的，而是我们享受的，

构成了我们的富足。

——约翰·珀蒂·森(John Petit-Senn)

事实上，宇宙会对你热衷的、你关注的、你向往的，以及任何你认为可能发生的事物的振动产生丰富的回应。做任何你想做的，别让自己有任何限制。关注你的思想、情感和能量。运用你的意识和潜意识的力量，去创设一种与你想要的和值得拥有的富足相匹配的振动。

确保抽出一定的时间去感激那些已经出现在你生活中的令人惊奇的富足，放开自己去接受宇宙赐给你的所有美好。通过吸引力法则，宇宙会回应你真诚感恩所带来的振动，会带给你更大的富足。

运用吸引力法则去吸引生活中每一个领域的富足吧。这是一个丰富的宇宙，在这个宇宙中没有限制。就像海洋并不关心你是从它那里舀取了一滴、一杯、一桶还是一大卡车的水，宇宙也是这样。

丰富的爱、喜悦、健康、财富和幸福都是你的，只要你提出要求。

它们是你天然的权利。

而你要做的只是要求。

如果你真的想要，你就可以拥有；

如果你坚持目标和理想，并完成你

计划的所有事情，那么你就会成为你想成为的人。

——亚伯拉罕·林肯(Abraham Lincoln)

第七章
人生目的和激情

寻找你的人生目的和激情

我们每一个人都是带着独一无二的目的诞生的。我们在这里，只为一个原因：我们是为彼此服务的。每个人就像身体的一个细胞,执行着自己独特的功能,聚集在一起共同服务于一个完整的人体。人生的意义不仅在于我们到底是谁的真实表达——这是你给世界的礼物——而且在于这个世界需要你提供的所有。当你的人生与这样的一个目的吻合时，你就会发现你做的所有事情都是一种充实和快乐。当你生活在与你的梦想、激情和内在的本真相连接的状态中时,宇宙就会支持你所有的努力。

人生的意义在于过有意义的生活。

——理查德·莱德(Richard Leider)

因此，你必须花时间从内心求索，看看你的内心深处，寻找你自己的人生使命和意义。你最好是通过安静的沉思、祈祷和冥想来寻找。不过，有几件事情你现在就可以立即开始做。你可以从坚定一些事实开始——你在这个星球只有一个原因，没有任何意外，那就是你要终其一生为这个世界做出贡献。

我们大多数人并不是真的非常明确我们的目的到底是什么——我们并没有真正花时间去发现内心深处真实的呼唤。我们被账单、责任、工作所牵制，以至于我们没有空间去寻求我们真正喜爱的是什么。这是对"你究竟是谁"以及"你应该为世界做些什么"的一种威胁。你必须首先去发现人生的使命。除非你过的是有意义的生活，不然你不能发挥全部的潜力，也不能为世界贡献自己全部的能力。

你真正的热情应该就像呼吸，它是那么的自然。

——欧普拉·温弗里(Oprah Winfrey)

现在我们就来说说真正的热情是怎么工作的。在你的整个人生中，贯穿着通往最终梦想的很多线索。其一，你拥有自己绝对独一无二的天赋、才干、兴趣、力量和品质，而且你打算去使用它们。其二，在生活中带给你最愉悦的事情，让你感觉自己是活生生的存在，都是人生真谛给你的另一启示。概括一下，就是非常简单的一句话：如果你做的事情能让你觉得开心的话，那么你的才干和天赋就会为这个世界做出贡献。一个充满梦想和计划的人生,在带动周围发展的同时,也会深层次地尊重和滋养你的心灵。

明确你的人生目的

静静地待上几分钟，在这个安静的时间里清除让你分心的事情。下面我们介绍的一些技巧,是明确你目的之旅的合理起点;但最终你要通过祈祷和冥想在意识深处对这些问题做出回答。

首先，我们从列清单开始，将你记得的、在你的生命过往中所有让你愉悦和鲜活的时刻写出来。

我觉得最鲜活和快乐的时候有：

仔细看看这个列表，然后问问自己，这些让你开心和鲜活的事物有没有共同点。记下来。这个共同的要素就是能够带给你快乐的暗示，而那些能够给你带来快乐的事物也是你人生意义的一个暗示。

现在，想想下面的问题，然后写下你的答案。

我有哪些天分？

我有哪些技能和才干？

我喜欢做什么？

什么时候我过得最鲜活？

我热衷于什么？

生活中是什么带给我最大的快乐？

什么时候我的自我感觉最好？

我有哪些个人特点？

别人经常说我擅长哪些方面？

我是怎样享受与其他人的互动的？

如果可能的话，我会改变周围的哪些方面？

____

____

____

____

____

____

你对上述所有问题的回答有什么共同点吗？

每一个问题的头几个答案有什么共同点吗？

通过祈祷和冥想来询问，寻求自我明晰、指引和灵感。问一问自己：你怎样才能更好地运用自身所蕴含的天赋和快乐去为世界服务，而不仅仅是生活下去？

现在，提炼一下你对上述问题的回答清单，整合成两三条完整的句子。你是在不断明确自己的人生目的——你的个人使命的描述是以你的本真（你到底是谁）和你独一无二的兴趣、天赋、才干和激情为基础的。

我的人生目的：

通过表述你的人生目的,你可以明确你是谁、你想成为什么样的人,以及你想以什么样的姿态呈现给这个世界。现在,打开你的思想和心胸吧,去迎接那些已经存在的各种可能性,去倾听你祈祷中所蕴含的答案,去觉知那些自我呈现的观点、灵感和机会。

然后,你会发现,事情开始完全按照计划的样子在你面前一一展现,而且在这个时空中,会以最完美的品质服务于你,跟随你受到启发,梦想无限。你并不一定非要明白你的使命是如何转化成现实的——一旦你明确了自己的目的,就接受各种展现在你面前的可能性吧。剩下的,就别管啦,顺其自然。

如果你想幸福快乐,那么,就设立一个控制
你思想,释放你能量和激发你梦想的目标吧。

——安德鲁·卡内基(Andrew Carnegie)

无论什么时候,只要你是在做你热爱的事情,做让你充满热情的事情,那么,宇宙就会通过吸引力法则,汇集所有力量回馈你、支持你。想象你的生活、你的工作充满了意义、目的和激情!充满乐趣地去做你喜欢的事情,挣到钱,而且让周围发生一个大变化——想象一下这是多么的美好!

生活中那些最快乐和最成功的人们,是那些设法将自己的天赋和热情与职业发展和工作结合起来的人们。通过这种结合,他们就会吸引来构建他们理想生活所必需的所有想法、资源、人力和资金。通过明确他们的人生目的，相信他们的梦想，并且充满信心地朝着他们自己的目标和愿望的方向前进，他们创设了与快乐和富足生活相匹配的振动频率。

开始你有目的和有意义的生活吧。你做的任何事情，你参加的任何活动，都应该与快乐、更高的真我以及人生的使命结合在一起。别再压抑宇宙赋予你的真正的天分和才干了。一个有意义的人生，在生活的每一个层面上都是富足的。工作的意义在于开心，生命的意义在于开心，并且这个世界也需要你的开心。你被安置在这个星球上，只为一个原因，你必须学着接受这个原因。让你做的所有事情都遵从你的目的和激情，你就会经历(和吸引)真正的幸福快乐、富足和成功。

创造一个充满激情和成功的人生吧。

创造一个有意义的人生吧。

随心所欲。

成功的必要品质是：明确你的目的，

知道你想要什么，并且为拥有它而激情燃烧。

——拿破仑·希尔(Napoleon Hill)

第八章
明确你的梦想

你的梦想是什么？

认真思考一下你想过怎样的生活。从你生活的各个领域和层次来考虑，将自己的注意力放在你想要什么，而不是不想要什么上面。与你的内在真实、你的真正梦想、目标以及你最真心实意的愿望保持联系，尊重它们，而且毫无恐惧、羞愧或者限制地拥有它们。你的梦想和渴望不需要得到任何人的许可。它们是你的，只属于你一个人。为了达成你的愿望和梦想，你必须清楚它们是什么。

在生活中，你值得拥有任何你真正想要的东西，如果你的所有梦想对你来说真的很重要的话，它们就一定能实现。不管你的梦想是一段真诚的友谊、一辆新车、一种新的技能、一个假期或者是财产富足。现下流行一种观念：过度渴望有钱是不对的。在这里，我要说一下，渴望有钱并没有什么大错。你有钱了就可以为这个世界做很多美好的事情。如果你只是为有钱而有钱的话是有问题的，但你要记住,付出才会有回报,并且记住人生的目标和意义比财富更重要。

你的梦想和愿望应该用以点燃你的内心激情,这个激情不仅激励着你达成愿望、实现梦想,而且它还向宇宙发送一种正面、积极的振动频率。自然地,通过吸引力法则,宇宙就会给你相应的回馈。

凡事皆有可能。不要限制和审查你对未来的想象。你只需要相信自己,而且坚信自己值得拥有。将你的行动、梦想、目标和愿望,与你的人生意义联结起来。你首先要做的就是:决定你想要什么样的未来。

我们在追求梦想的同时就已经拥有了梦想。

——丹尼斯·韦特利(Denis Waitley)

当你开始明确你的目标和梦想时,需要好好地考虑七个关键的人生领域。

七个关键的人生领域:

——个人目标(你想做哪些事情,你想成为什么样的人,你想拥有什么……)

——关系(朋友,家庭,爱人,合作伙伴……)

——健康和身体(健康,平衡,外表……)

——职业和教育(工作,学校,职业发展目标……)

——消遣(运动,业余爱好,假期……)

——财富(收入,储蓄,投资……)

——慈善事业(慈善团体,社区服务……)

你对自己的目标和愿望有想法吗？你的人生目标已经明确了吗？你喜欢做的事情是什么？你热衷于什么？你想成为什么样的人？你能如何帮助他人？

非常不幸的是，大部分人很少花时间去思考这些问题。我们深陷于日常生活，忙忙碌碌，我们没有时间。我们很擅长逐条记录我们做不好的事情，以及抱怨的事情。因此，我们非常清楚自己不想要什么，却没有花时间去思考真正需要什么。为了吸引你想要的进入你的生活，你必须首先花时间去澄清你的梦想和愿望。

对于不知道自己方向的人，从来就没有顺风这一说。

——塞内卡语(Seneca)

这样来思考。

当你在星巴克咖啡馆点餐时，你会说“我不要茶”，或者“我不要浓咖啡”，或者“我不要卡布奇诺”吗？显然不是。你会告诉服务生，你需要一个大杯脱脂的摩卡，少点巧克力，多点奶油——你很清楚自己要点什么，也很肯定咖啡馆里有你要点的东西。

跟随吸引力法则，你必须用去咖啡馆点咖啡一样的方式来提出你对生活的要求。你需要清楚自己的目标，最好是自己目标的详细景象，并且你要确信自己的目标一定会实现。从这一刻开始，不要再随意地处置生活，别任由事情在你生活中自由发生。你需要掌握这样一个事实：通过清楚地表述你的愿望，你可以主动地参与创造你的未来。

底线是：如果你真的不知道你到底要什么，你又怎么能期待得到什么呢？因此，花时间想清楚你到底想吸引什么来到你的生活，写下它们，而且详细地刻画它们，这是你必须要做的事情。

在你实施你的目标之前，你必须仔细地看清楚你的目标，并反复地观想，直到它们成为你的一种习惯。

——莱斯·布朗(Les Brown)

创建你的梦想清单。

你的梦想清单是对你的所有梦想、目标和愿望的一个全面纵览。它描绘出你想成为什么样的人、你想做什么、你想拥有什么，以及在你人生的各个领域，你想做出什么成就。稍后，对你的梦想清单进行优先次序排列，进而关注几个特定的领域。但在这之前，也就是现在，你最好展望一个更大的愿景。以下几个小方法会对你有所帮助。

第一个方法就是画一个“T”形表。这种表(见我们提供的范例)是非常有效的一种方法，通过找出哪些是你不想要的事物，来帮助你明确生活中想要什么。想一想七个关键的人生领域，选定一个领域，或者框定一个时间，比如说职业发展、个人目标，或者人际关系，然后确定你在这个领域的特定主题。举个例子，在生活的各种人际关系中你可能关注的是某一个主题，比如说“我理想的浪漫关系”。那么，在一栏中，你写下在这个方面你不想要的是什么，在另一栏中，用一个正面的表述代替这些你不想要的，写下你真正想要的。

我建议你为生活的每一个领域创建一个“T”形表，在表的左边列出你不想要的方面，然后在表的右边用正面叙述的方式写出你真正想要的方面。下面，我们会给出一些例表，涉及到你生活的每一个领域。

这是一个很好的例子，从这个例子中，你会感受到如何将“注意你不想要的”转化成一个好的开始。

“T”形表的例子：

主题：我理想的浪漫关系

我不想要的	我想要的
整个周末都用来看电视的人	享有积极活跃的生活方式的人
吸烟或饮酒的人	关心自己健康的人
一个容易生气或者药物滥用的人	友好而且富有同情心的人

请填写后面几页中的表格，这些表格涉及到七个关键人生领域，帮助你澄清自己的目标和愿望。当你填写完所有表格，再回过头来将每一个表格左边的“我不想要的”一列划去。从现在开始，只使用表格中右边的每一个条目，只关注你生命中真正想要的事物。顺便说一下，删去你不想要的条目的简单动作会让你心生力量，觉得心情无比美好。

做完这些后，把你真正想要的条目合并成一个清单。你可以利用我们为你提供的梦想清单专栏，或者另外用一张纸记下来。一定要用完整的句子把你的梦想和目标写下来，并且留一些空间用于后续的补充。

这是你的梦想清单的开始。通过填写这些表格，你向实现梦想迈近了一步。

明确是一种力量。

——巴克敏斯特·富勒(Buckminster Fuller)

在写梦想清单时，你应该尽可能地全面。仅仅因为发现付不起贷款，就放弃了梦想中的房子，进而忘记了真正细化的财政目标。写完后，还有几个问题你需要思考一下，因此，先花几分钟通览一下第77页的几个问题，看看你的梦想清单上有没有什么需要补充的。

下面这些表格是关于你的七个关键人生领域的，列出你在每个领域的梦想。

主题：个人目标

我不想要的	我想要的

主题：个人目标

我不想要的	我想要的

主题：人际关系

我不想要的	我想要的

主题：人际关系

我不想要的	我想要的

主题：人际关系

我不想要的	我想要的

主题：健康和身体

我不想要的	我想要的

主题：健康和身体

我不想要的	我想要的

主题：职业与教育

我不想要的	我想要的

主题：职业与教育

我不想要的	我想要的

主题：消遣娱乐

我不想要的	我想要的

主题：消遣娱乐

我不想要的	我想要的

主题：财富

我不想要的	我想要的

主题：财富

我不想要的	我想要的

主题：慈善

我不想要的	我想要的

主题：慈善

我不想要的	我想要的

我的梦想清单

我的梦想清单

我的梦想清单

现在，问问你自己下面的问题：

☆我的人生意义是什么?

☆我的梦想是什么?

☆我的目标是什么?

☆我感激什么?

☆什么让我开心?

☆就个人而言，我想怎样成长?

☆在心灵上，我想怎样成长?

☆我完美的人际关系是什么样的?

☆我理想的家庭生活包括哪些方面?

☆哪些事情是我一直都想做的?

☆我想去哪里旅行?

☆我想居住在哪里?

☆我理想的家是什么样的?

☆我理想的职业是什么样的?

☆我的财富目标是什么?

☆我怎样回馈社会?

☆我愿意参与哪一个慈善团体或者慈善事业?

☆如果我可以改变世界，我怎样才能让它变得更好?

上页中列出的问题可以启发你，并且帮助你弄清楚还有哪些梦想、目标和愿望没有写下来。抽出时间，认真思考一下这些问题，把思考结果加入到你的梦想清单中去。

愿望是成功的第一要素——知道自己想要什么，

愿望就是培育成功的种子。

——罗伯特·科利尔(Robert Collier)

101个目标清单

你的梦想和目标没有局限。整个世界都在那里等着你，准备着帮你实现梦想和目标。列出你的101个目标——在你去世之前你想要完成的。这101个目标可以是你想做的事情，你想成为什么样子，或者你想拥有些什么。列出这101个目标能够帮助你澄清一些更长期的目标和计划。这是一个激动人心的方法，值得你去试一试。

世界著名的冒险家约翰·戈达德(John Goddard)，在他15岁的时候，写下了他去世之前希望达成的127个目标。这些目标包括参观金字塔、学习深海潜水、去看一看中国的万里长城、攀登非洲最高的乞力马扎罗山、阅读全部的大不列颠百科全书等。他现在70多岁，已经达成了目标清单中109个目标。

巴黎圣日尔曼队的前足球教练卢·霍兹（Lou Holtz)，20多年前，他写下了想要达成的108个目标，包括赢得一次国内冠军、在白宫就餐、约见罗马教皇、将飞机停在航空母舰上……他现在也是70

来岁，他达成了102个目标。

受这两个故事的激励，17年前我列出了109个目标。迄今为止，我已经达成了63个目标。在已经达成的目标中，名目多样，从一分钟敲打50个字到看一场电影，从学习滑雪和风帆冲浪到写一本畅销书，从去国外各地旅游到购买我梦想中的房子，从每天帮助一个人到为《辛迪加报》撰写专栏……

写下属于你自己的101个目标（见第81页的表格），每周都要回顾你的目标，这样你就在激活吸引力法则为你创建一个帮助你达成所有目标的环境；你会开始注意到，各种各样看起来不可思议的事情在你的生活中发生了。有些目标的达成要比另一些目标花更长一些的时间，但是它们最终都会实现。这个贯穿一生的目标清单也同样会让你想起另外一些梦想，那么一样地，把它们加入到你的梦想清单中去。

当你开始走向一个有价值的目标时，你就成功了。

——查克·卡尔森（Chuck Carlson）

顺便说一下，如果你的梦想和目标在让你自己受益的同时，也可惠及他人，那么你的目标振动就会与一个更高的频率产生共鸣。因为，我们所有人实际上都是联结在一起的，你对他人的贡献就是对自己的贡献。所以，抽出一点时间和精力，多去想一想怎样为你的家庭、朋友和社区做点事情。

当你实现了101个目标清单上的各种目标时，你就会想把它们加亮，让它们凸显出来，或者记下完成的日期。看到没有，单单是这一行为就很有力量。这也是感谢吸引力法则在你生活中生效的方式之一。

我的101个目标

1. ______________________________

2. ______________________________

3. ______________________________

4. ______________________________

5. ______________________________

6. ______________________________

7. ______________________________

8. ______________________________

9. ______________________________

10. ______________________________

11. ______________________________

12. ______________________________

13. ______________________________

我的101个目标

14. ______________________________

15. ______________________________

16. ______________________________

17. ______________________________

18. ______________________________

19. ______________________________

20. ______________________________

21. ______________________________

22. ______________________________

23. ______________________________

24. ______________________________

25. ______________________________

26. ______________________________

我的101个目标

27. ______________________________

28. ______________________________

29. ______________________________

30. ______________________________

31. ______________________________

32. ______________________________

33. ______________________________

34. ______________________________

35. ______________________________

36. ______________________________

37. ______________________________

38. ______________________________

39. ______________________________

我的101个目标

40. ______________________________

41. ______________________________

42. ______________________________

43. ______________________________

44. ______________________________

45. ______________________________

46. ______________________________

47. ______________________________

48. ______________________________

49. ______________________________

50. ______________________________

51. ______________________________

52. ______________________________

我的101个目标

53. ______________________________

54. ______________________________

55. ______________________________

56. ______________________________

57. ______________________________

58. ______________________________

59. ______________________________

60. ______________________________

61. ______________________________

62. ______________________________

63. ______________________________

64. ______________________________

65. ______________________________

我的101个目标

66. ______________________________

67. ______________________________

68. ______________________________

69. ______________________________

70. ______________________________

71. ______________________________

72. ______________________________

73. ______________________________

74. ______________________________

75. ______________________________

76. ______________________________

77. ______________________________

78. ______________________________

我的101个目标

79. ______________________________

80. ______________________________

81. ______________________________

82. ______________________________

83. ______________________________

84. ______________________________

85. ______________________________

86. ______________________________

87. ______________________________

88. ______________________________

89. ______________________________

90. ______________________________

91. ______________________________

我的101个目标

92. ______________________

93. ______________________

94. ______________________

95. ______________________

96. ______________________

97. ______________________

98. ______________________

99. ______________________

100. ______________________

101. ______________________

视觉化是看见无形的艺术。

——乔纳森·斯威夫特(Jonathan Swift)

现在你应该有了一个非常丰富和全面的梦想清单。从横向上来看，你已经考虑了你生活的每一个领域；从纵向上来看，你考虑了一生进程中的各种目标。你已经明确了自己的人生目的和梦想，清楚地表述了你想在生活中创造什么。在你的所有目标中，有一些可能是短期目标，比如减掉 25 磅或者在意大利度假；还有一些可能是长期的目标，比如改变教育系统，提高公众的环保意识，或者是成为一个百万富翁。

给你的目标清单排序

现在花几分钟时间给你的目标清单排个序。想一想哪些目标和梦想最能够体现你的个人理想，哪些目标和梦想在你人生的这个时间段对你来说最重要。加亮或者画出这些条目。将你的注意力全部集中在这些特定的、你想首先实现的梦想和目标上。你越是关注这些梦想和目标，这些梦想和目标就会越早实现。

除了现阶段最重要的这些目标之外，清单上还有很多其他的目标，不要着急，在这一刻只从那些对你来说最有意义的事情开始。记住，你的梦想和目标会随着时间的推移而改变和发展，并且随着你的持续成长和达成更多的目标，你的目标也会随着发展。同样需要提醒的是，我们创建梦想清单的行为就是在向宇宙发出请求，根据吸引力法则，宇宙会给予我们相应的反馈。

如果你将选择局限在那些看起来合理或者

可能的事情上，就阻断你与自己真正想要的

事物之间的联系，剩下的只有危害。

——罗伯特·弗里茨(Robert Fritz)

梦想无限

不要用实用性和可能性来审查你的梦想和愿望。你不需要了解达成你目标的每一个步骤。只要决定你要什么就足够了。知道你值得拥有它，相信你能拥有它，然后就释放它，让它自己去显现。将你自己向无限的可能打开。看着奇迹展现。

现在，考虑一下这种可能性——如果你自己都能够把实现梦想的一步一步计算出来，那么你的梦想可能还不够大。

你已经创建了梦想清单。

你已经向宇宙发出了你的命令。

这是你写下来的对未来的要求。

我们所有的梦想都能成真

——如果我们有勇气去追求它们。

——沃尔特·迪斯尼(Walt Disney)

第九章
让吸引力法则渗入你的生活

让吸引力法则渗入你生活的第一步:理解它是如何运转的。

在前面的几个章节中,我们不仅讨论了吸引力法则,及吸引力法则的工作方式,还探讨了我们是谁,我们是什么,我们与宇宙资源的联结,以及我们在创造自己的生活中所起的作用。我们了解到自己的思想和情感是多么的强大。我们讨论了为了实现梦想、达成目标,释放消极情绪、保持积极情绪状态的重要性。因为积极的情绪会产生与我们的梦想和愿望相匹配的振动频率,将我们想要的吸引进生活。我们认识到我们自己潜意识的惊人力量,以及利用潜意识的无限潜能帮助我们吸引和创造我们过去不敢梦想的生活的重要性。我们还花时间明确了我们的人生目的、梦想和目标,弄清楚了我们想吸引什么进入我们的生活。

现在,你对"你是如何参与吸引力法则的运作过程"有了更多的认识,并开始为当前吸引进你生活的所有事情负责。现在,你很清楚自己在创造自己的生活中担当什么样的角色,再也不要随意地或者不负责任地去创造你的未来。把它牢记在心中,因为这是你的时刻,在这一时刻你开始有意识地、有目的地、深思熟虑地参与你梦想未来的创造之中。

现在,你非常清楚你是谁,你想成为什么样的人,你要达成什么样的人生目标;你非常清楚自己想做什么,想成为什么,以及想拥有什么。事实上,现在你心中已经有了想要的结果,一个终点,而你将要关注的正是你想要的。这有点像为你选择的终点安装了一个内在的GPS系统。现在你知道自己要到哪里去,宇宙会通过吸引力法则引导你到达。

经由你的未来创造你的未来,而不是过去。

——沃纳·埃哈德(Werner Erhard)

运用吸引力法则的工具

在接下来的几章里，我们会介绍各种方法和工具帮助你创造和保持一种持续愉悦的状态。我们会讲述几种技巧,帮助你激发和增强自己与潜意识的联结，促进你的正面思想和情感。在这个部分,我们还会讨论祈祷、冥想、发愿、视觉化、态度、感激、行动和信念。我们将探讨怎样积极地创造与你想要吸引进生活的事物相匹配的振动。

这些工具和技巧都可以帮助你做出任何一种必要的改变,帮助你利用你的潜意识思想产生跟宇宙相同的频率。

是时候去内化你的正面情感、思维模式和信念了；是时候去真正看清楚你想要的未来了。认真地体会这种梦想唤起的感受，而且相信这个梦想一定能实现。

是时候开始运用吸引力法则了。

是时候开始过你梦想的生活了。

完成伟大的事业，我们不仅需要行动，

而且需要梦想；不仅需要计划，而且需要相信。

——阿纳托尔·法兰西（Anatole France）

第十章
发　愿

发愿是最有力量的方法之一，它能产生一个与你想吸引进生活的事物相匹配的振动。

你的每一个念头和你说的每一个字都是一种宣告。你的思想和话语是对“你认为你是谁”以及“你是如何感知世界存在”的声明。每次你有了一个负面的念头,或者你发表了一个自我抨击的评论,你就是在你内心深处不断地增强这种想法。幸运的是,正面思想和表述具有同样的作用。

强力的正面宣言是自我转变的有力方式，是创建理想生活的关键要素。正面地表述“你想成为什么样的人”和“你想过怎样的生活”,有意识地用这些正面表述替换掉多年来你固有的和内化的消极信念和自我对话。通过这个过程,宣言发挥着它的强力作用。

本章的目标就是帮你创建正面的、自我肯定的、自我强化的宣言。这样的宣言可以促进和激励你,能够提升你的情绪基点。我们将介绍两种类型的宣言:正面宣言和特定目标宣言。

首先告诉自己你想成为什么样子，然后做你该做的事情。

——埃皮克提(Epictetus)

正面宣言

正面宣言是肯定了你关于自己和生活的积极信念。

正面宣言的例子：
我生活的每一个方面都是丰富的。
我做的所有事情都是成功的。
我的生活充满了爱和美好。
我感激我人生中的每一个经历。
我正将快乐吸引进我的生活。
我很高兴我能够活着。
我相信一切皆有可能。
我是被爱着的。
我能够做任何事情。
我让这个世界与众不同。

这些简单的宣言——“你想成为谁”以及“你想怎样感觉”，都是非常有力的，它们有助于替换过去你可能一直持有的消极的、受限的信念。通过使用这些正面宣言，那些旧有的消极潜意识被彻底地重构，成为强大的正面情感和自我意象。

你可能想创建属于你自己的正面宣言，而且每天都使用它们。

我们在后面的书页中预留了一块空间，你可以把这些宣言写下来。如果你每天都阅读它们，并且每天重复几次的话，你的所有宣言将会最大限度地发挥作用。坚持下去——重构你的思维模式大概需要30天。充满感情地大声说出你的正面宣言，体会这些宣言为你唤起的情绪。

持续的重复孕育着确定。

——罗伯特·科利尔(Robert Collier)

即使是很难实现的事情，当你照镜子的时候，你可以通过眼神与内在自我进行联结，并且不断地重复你的宣言。只要坚信你是如此，你的生活是如此美好，感受它、相信它，用你的整个生命全然地接受它，你就是在重造你的自我意象，建造积极的态度，内化更积极正面的信念系统。

特定目标宣言

特定目标宣言是指，这些宣言是用完成状态来表述目标的，就像你已经完成了一样。

比如："我正在庆贺我135斤的体重，我感觉轻盈，我的身材简直太完美了。"这些宣言帮助你创设一种已经吸引来你真正想要的事物的情感体验。愉悦、幸福、高兴、兴奋、自信、安慰、内心平和等等，这样的感受，是与你想吸引来的物质相匹配的振动。

我们思考的任何思想都在创造我们的未来。

——路易斯·L·海(Louise L. Hay)

这些宣言创设了一个你会达成这些目标的正面预期，会增加你实现目标的渴望，也会增强你达成这些目标的动力。

除此之外，正面宣言还有一些惊人的效果。他们会逐渐重设你大脑中的网状激活系统，你开始更加关注那些能够帮助你达成目标的人、金钱、资源和观点。这些资源其实一直都在，但是你的大脑却实实在在地将它们过滤掉了。通过经常使用你的宣言，你会重新设定过滤网，并且扩展你的觉知和意识领域。

下面是创建你的特定目标宣言的几点建议：

宣言要是正面的。

在宣言中避免“不要”、“不会”等负面词语。

用现在时表述宣言。（相信你想要的已经在这里了。）

宣言要简短。

宣言要具体。

以“我是……”或者“我们是……”开始你的宣言。

使用动作语言来写宣言。（体会你发愿时的感受。）

聚焦在自己身上，而不是别人身上。（为我们自己的行为发愿，而不是别人的。）

下面是特定目标宣言的几个例子：

☆我是如此的高兴和鲜活，在这样美好的冬日，我从高山上滑雪而下。

☆我骄傲地看着我曾经帮助建造的人类家园组织的房子。

☆我兴奋地看着我的新产品订单通过网络川流不息地涌入。

☆我是如此的自豪，我以全班最高的成绩毕业。

☆看着围绕在我周围的我帮助过的孩子的脸，我激动地发现我真的改变了他们的生活。

☆我是如此感激，从医生那里收到一张健康报告。

☆我是如此的放松和感激，我坐在夏威夷的海滩上，脚趾埋藏在温暖的沙子里，感受着洒在脸上的阳光的温暖。

☆我激动地打开邮箱，发现另外一张支票已经到了。

☆我开心地看着我的家人在雪地里欢笑和嬉闹。

☆我高兴地开着我的新雷克萨斯LS430奔驰在太平洋海岸高速公路上。

☆我高效地与家人交流着我的需要和愿望。

☆我是如此的快乐和满意，当我亲切地凝视我的合作伙伴的眼睛时。

☆我开心地走进我新家的大门。

不是可能性决定了你成功和快乐的水平，

而是你让自己相信什么是真实的。

——韦恩·戴尔博士(Dr. Wayne Dyer)

现在花几分钟写出你自己的正面和特定目标宣言。创建强大的个人宣言将会加强你的正面信念，这些强力的正面表述的宣言会替代你的任何一个消极的自我对话。使用我们下页提供的表格，把这些宣言写下来。你可能会想到你的梦想清单,那么当你写你的特定目标宣言时,在心里想着那些愿望和目标。

我的正面宣言

我的特定目标宣言

如何使用你的宣言：

1.每天至少重复三次。发愿的最好时间是：清晨醒来、中午，以及晚上睡觉之前。

2.一次少许几个愿望，然后深入下去，每天多重复几次。这比一次发出很多愿望，但每一个都只重复很少的次数有效得多。

3.如果可能的话，大声地说出你的愿望。如果不方便的话，就在心里默念出来。

4.闭上眼睛，在头脑中构建你的宣言中所描述的景象。用你的眼睛去看这些景象，就像它们正在你的周围发生。感觉它们，就像你在真实生活中看到它们一样。

5.倾听当你梦想成真时会发出的声音，观想当你成功地实现梦想时会呈现出来的景象。多想想细节，包括在那样的一个时刻周围会有哪些人，他们会给你什么样的鼓励和祝贺。

6.感受当你达成目标时你将体验的情绪激动、快乐、欣慰，安全。你的感受越强烈，你的宣言的影响就越有力。

在使用每一个宣言时，都要重复上述的整个过程。你也可以尝试将你的宣言在纸上写下来，每天写十到二十几遍。这是另外一个非常有效的方法，这种方法能够将你的愿望内化和印刻在你的潜意识中。

我们每一个人都是由自己一再重复的行为所造就的。

因而，优秀不是一种行为，而是一种习惯。

——亚里士多德 (Aristotle)

用这种方式不断重复和视觉化你的宣言，你的宣言就能最大限度地发挥作用，就能最快最好地把你想要的带给你。吸引力法则会回应经由每一个宣言所创造的思想、想象和情感的能量。通过存储新的信念，以及像感受现实一样去训练，我们的潜意识也会作出相应的回应。记住，你的潜意识不能够判断什么是真实的，什么是你生动想象的。

在你发愿的时候，如果你发现消极的反应，比如“怀疑”（这个目标真的会实现吗）持续出现的话，那么你可能需要使用我们在第三章提到的解除技巧。你也可以创建新的宣言——与每一个消极思想相对的宣言，并把这些宣言加入到你的日常功课中去。

确保每一天都使用你的宣言。让它们成为你每天都期待渴望去做的一种仪式。我们就是通过重复、联结和情感来重构自己的。当你发愿时，你所感受到的情感越强烈，这些宣言所能创造的吸引力就越强。

通过每一个愿望，你在一步步重构关于“你自己以及你生活的世界”的观念。

你关注什么，最终你就成为什么。

——纳萨尼尔·霍索恩(Nathaniel Hawthorne)

第十一章
视觉化

视觉化练习有惊人的力量

一些心理学家宣称一小时的视觉化相当于七小时的实践努力。记住,你的潜意识不能判断一个真实练习和一个生动想象之间的区别。它也不能分辨你是在回忆这件事情,还是在假装这件事情的发生,或是真正地做着这件事情。潜意识会对你的回忆、假装和真实的行为做出同等反应。通过各种视觉化技巧,你完全可以像经历真情实景一样体验任何一种情境。你可以对你视觉化的情境做出情绪和心理反应。你的潜意识将会内化这一信息,并把它当做真实的事情存储起来,宇宙也会回应这一振动,并让振动频率与之匹配的事物显现在你的生活中。

视觉化是有目的的白日梦。

——博·班尼特(Bo Bennett)

这里有一个由两部分组成的视觉化体验的例子。这个例子在你的头脑中描绘了生动的画面，让你真实地体会到你的思想和情感是如何影响你的身体的。

当你读第一部分的时候，注意你有哪些情绪反应和身体变化，然后注意在第二部分的时候这些感受有什么不同。

摩天大厦视觉化

第一部分

做一个深呼吸，并让自己放松下来……想象你正站在整个世界最高的摩天大厦屋顶的小小天台中间。想象这是一个没有围栏的露台……露台上除了你没有任何东西，没有任何可以防止你掉下去的装置。当你站在那里时，向下看，看看你脚下的露台是什么做的。你是站在瓦片、混凝土、沥青、木头还是石头上呢？注意到天气是如此的美好，阳光普照，温和的清风吹拂，你能够感觉到阳光温暖地照射在你的脸上和手臂上……你听到了什么响声？那里好像有一些鸽子或者其他的什么鸟。也许你听到直升机飞过的声音，或者来自遥远的高楼下面街道上的声音……现在，走到露台的最边缘，让你的脚趾顶着那里。向下看街道，下面很远很远……从世界最高的摩天大厦的露台上向下看，所有的事情看起来都不可思议的渺小。当你做这些事情的时候，注意一下你的感受……现在，慢慢地退回到露台的中央……依然要记住刚才你站在露台边缘向下看时是什么感觉。

大多数人在做这个想象的时候可能注意到自己有一些情绪和身体反应。你可能已经感觉到你的心跳加速，你的手掌心出汗了，头昏眼花，或者恶心。你可能还感到紧张和恐惧。

第二部分

做一个深呼吸，让自己放松下来……想象你再一次站在世界最高摩天大厦顶层的小小露台上。不过这一次你有一对漂亮的白色羽翼，你对自己的飞翔能力很有信心。你认识到自己是绝对安全的……因此，你走到了露台的最边缘，当你走到那里，你只用轻微地弯一下膝盖，双脚一点离开地面，然后飞翔……注意，要感觉真的在飞翔——感觉当你在天空中轻松地高飞和滑翔时，风从你的翅膀中穿过……感受这种喜悦和自由……一会儿之后，你想到地球的什么地方，你就飞去什么地方，有可能是一个著名的旅游景点，可能是你和你很在乎的某个人计划要去的一个非常特别的地方……当你到达那里，轻轻地降落，静静地享受几分钟，在那里做你想做的事情……注意感受，你现在的身体和情绪有什么样的感觉。

比较一下，在做第一部分和第二部分的视觉想象时，你的身体和情绪反应有什么不同。在这个例子的第二部分，你感受到了轻松、愉悦、舒展的感觉。

现在，好好地想一会儿。你不曾去过任何地方，你不曾离开这间房子，你只是花几分钟时间视觉想象了一下这两种经历，但你却体验到了完全不同的情绪和身体变化。你在头脑中创造的生动想象对你的潜意识来说是完全真实的，而且潜意识会用就像真的发生了一样的情绪感受和身体反应来回应你的想象。

你对你头脑中创设的想象负有责任。因此，如果你在生活中花时间和能量去想象最坏的情况，那么你的身体和情感就会回应这些想象，进而将与之一样的消极能量和环境吸引进你的生活。你必须选择视觉化积极的、有灵感的、令人振奋的意象，这样才能创设与你真正想吸引进你的生活的事物相匹配的振动。

这就是视觉化的力量。

成功将自己的心理图片清晰地、深刻地印记在
你的头脑中，牢牢地记住这幅图画。绝不允许它褪色。
你的大脑就会去寻求发展这幅图画。

——诺曼·文森特·皮尔博士(Dr. Norman Vincent Peale)

用这个简单的视觉化去创造你的生活

坐下，身体挺直，调整身姿让自己尽可能地感到舒服，闭上眼睛，双手交叠在一起，放在腿上，双手的指尖轻触着双腿，挺直你的脊背。然后慢慢地做下面几步：深呼吸，用你的鼻子慢慢地吸气，然后用口腔慢慢地将气呼出。注意随着每一次呼吸，你胸腔和腹部有

节奏地起伏。伴随着每一次呼吸，你发现自己变得越来越轻松。现在，自然地呼吸，找到呼吸的自然节奏——缓慢地、稳定地、轻松地呼吸。想象一团白色的亮光在你左边的身体慢慢地显现——先是你的左脚，然后出现在你的左腿上，然后是你的左边身躯、肩膀、脖子和脸，慢慢地向上移动到你的头部，然后慢慢地向下移动到你的右脸、脖子、肩膀、躯干、臀部和腿，最终白色亮光充满了我们身体的每一个细胞。现在继续用你自己的节奏将这个过程再做两遍，视觉化地去体验纯粹的白光从左边身体显现并蔓延到右边身体。

你的指尖依然贴放在你的腿上，将注意力集中在你的指尖一会儿。你可以集中注意在一个视觉符号或者像花之类的图像上，一个白色光源，或者平静的湖面。或者你默默地重复一个词语一个思想或者是一个祝语，比如“平和”或者“快乐”或者“我是爱”。心无旁骛地默默在心里一遍一遍地重复这些影像或者思想。如果你的思想开始迷离分散，轻轻地将它牵回到你关注的点上。你知道随着练习，你将注意力停留在某一事物上的能力会不断提升。

接下来就是接纳和观察。将你的双手分开放在腿上，掌心向上，放松思想。无论你是在思考、回忆、计划未来、想象、焦虑、感受或者洞察，你需要做的仅仅是注意到你在做什么，以及观察你在做的事情就可以了。站在一个中立的角度去观察和注意。

最后是完成阶段。再次将你的双手合拢，想象你被明亮的光包围着，这些光填满了你并保护着你。在这明亮而柔和的光里，用你喜欢的方式视觉化梦想成真的那一天。只去关注今天你想成为什么样，你想如何行为，你要怎样感受；别去管未来可能会显现出来的无法预料的环境和事件。不要犹豫徘徊,大胆地预想你想要的明天。想象你要让自己拥有哪些品质,比如爱、快乐、勇气、力量、耐心和坚持力;想象自己冷静、自信、热情和清晰地与他人交往;想象自己在清晰地交流,表述愿望和计划,向宇宙提出实现你的梦想所必须的滋养,并得到这些滋养。

现在,看看达成你最重要目标的具体步骤,按照这个步骤去创设你的日常生活。想象你生活中的重要他人,在祝贺你达成你的人生目标和提升素养时,他们的表情、他们说的话。也是现在,想象一下当你过上你想要的生活时,你所感受到的情绪,那么现在就在你的身体里创造这种情绪。

再次深呼吸,将你的意识放在因深深地呼气和吸气所带来的胸腔和腹部的起伏上。然后,在你准备好的时候,慢慢地睁开眼睛,你看到的将是美好的一天。

目标并不是为"你是什么"而设定的,

而是为"你能成为什么"设定。

——卢卡斯·赫尔莫(Lucas Hellmer)

你的视觉书

你的视觉书可能是你最有用的工具,它是你的未来地图,是你未来发展方向的切实代表。它代表了你的梦想、你的目标、你的理想生活。正是因为你的思想会强力地回应视觉刺激——用图像和想象来代表你的愿望，你就会真正地加强和提升你的愿望的振动水平。“一幅图画胜过千言万语”的谚语在这里是最贴切的说明。视觉影像和画面会激发你的情绪，你的情绪就是能够激活吸引力法则的振动能量。

你已经明确了自己的梦想。

现在,是用视觉来表述他们的时候了。

这个世界只是我们想象力的画布。

——亨利·大卫·索罗(Henry David Thoreau)

创建个人的视觉书,用以清楚地描述你希望创造的未来。寻找可以代表或象征你想要吸引进你生活的经历、感受和财产的图片，将他们贴在你的书上。享受制作视觉书的过程,选用照片,从杂志上挖剪插图,或者从网上下载——使用任何可以激励你的图片。要具有创造性。不仅仅包括图片,还包括能够证明你的任何东西。注意在这本书中一定要有一张你自己的照片。如果你要选入自己的照片，挑选一张开心的照片。你还可以贴出你的宣言、激励的话语、名人名言和思想。选择能够激励你以及让你感觉良好的言语和影像。

这是一本与众不同的书。

你是作者,你是艺术家。

这是你的人生地图。

你可以用视觉书描绘你生活中所有领域的目标和梦想，或者只是你关注的某个特定领域。心念着你的人生目标，以及你创建的梦想清单。保持视觉书的洁净，选择一个合适的地方放置它。避免视觉书的脏乱、无秩序，因为你也不想将混乱吸引进你的生活。记住，视觉书中都是你的梦想，所以好好地选择，完美地体现。只选择那些最能代表你的目的、你的理想未来的言语和图像，这会激发你的积极情感。简单洁净就是一种美。如果视觉书中图片太多、信息太多的话，就会让你的注意力分散，很难聚焦在某一个目标上。

如果你正在视觉化，并且希望引发你生活中多个领域的变化的话，那么建议你使用多本视觉书，一个领域一本视觉书。比如，你可以用一本视觉书来表述你的个人目标和梦想，用另一本视觉书来展示你的职业和财政目标。你也可能想把你职业视觉书放在你的办公室或者你的办公桌上，作为一种自我激励和发愿。

如何使用你的视觉书

将你的视觉书放在枕边，或者在床头柜你方便拿取的地方，每天早晨和晚上拿出来看看——视觉化、发愿、相信以及内化你的目标。睡觉之前视觉化特别有效。在睡觉之前45分钟出现在你头脑中的思想和图像会整晚都在你的潜意识思想中反复出现，而每天早晨醒来就看到的图像和思想则会帮助你创设一种与你渴望的未来相匹配的振动。

一些时日之后，你的一些梦想实现了，看着代表你的成就的图像，深深地感激吸引力法则给你带来的惊喜，并且知道吸引力法则正在你的生活中运转。不要移除代表你已经达成目标的图片和影像，它们是你有意识地将美好事物吸引进你生活的强有力的视觉证明。

写下你创建视觉书的日期。宇宙喜欢快速，你会惊讶于吸引力法则回应你的能量、宣言和愿望的速度是多么的快。这本视觉书就像一个时间太空舱，记录着你的人生旅程。你的梦想和你的成就已经存在于特定的年月了。视觉书将成为你成长、觉知和拓展的记录，你保存着这些记录，在特定的年月就会反馈回来，得以实现。

你能够做的最大冒险就是过你梦想中的生活。

——欧普拉·温弗里(Oprah Winfrey)

最好每年创建一本新的视觉书。随着你的持续成长、发展和拓展，你的梦想和愿望也会随之成长、发展和拓展。这将帮助你持续保持在被关注、被启发、被激励的状态。你可能也想在你的家中实行这个新的传统。如果你有孩子，或者弟弟妹妹，帮助他们建立自己的视觉书，鼓励他们的梦想。你将惊奇地发现这是一个多么有洞察力、多么强大、多么激励人心、多么有趣的过程。

这些视觉书是值得保存和珍惜的。你不仅将梦想编进了书中，还有你的成长和成就。没有什么东西比你的梦想更可贵，而这本书就是你的梦想表征。这些漂亮的文字和图片代表着你的未来,它们创造一种振动,与你在生活中想要吸引和创造的事物相匹配。

使用你的视觉书的注意事项:

☆经常翻阅你的视觉书，并且体会它带给你的激励。

☆打开视觉书，将它所呈现出来的未来真正内化到你的潜意识中。

☆大声地朗读你的宣言和激励人心的文字。

☆想象自己用书中呈现的方式生活。

☆感受自己生活在创设的未来中。

☆相信书中的一切都已经是你的了。

☆感谢已经出现在你生活中的美好事物。

☆感谢你已经达成的每一个目标。

☆感谢你已经看到的和感觉到的变化。

☆感谢吸引力法则为你做的一切。

☆临睡前以及早晨一起来就翻阅视觉书。

预想你的未来。

想象梦想成真的可能性。

相信你的梦想都是真实的。

梦想就是你创造的关于你的未来生活的影像。

你必须走出当前的安全地带,

对未知和陌生变得坦然和舒适。

——丹尼斯·韦特利(Denis Waitley)

第十二章
态　度

你的态度能够创设或者打破任何一种情境

这是你带进这个空间的能量。对发生于你生活中的事件,你可以抱有一种积极的态度,你也可以抱怨和痛苦。你自己决定如何面对。你可以有意识地选择积极地回应你生活中的任何一个事件或者环境——你要做的仅仅是做出正面看待事物的选择。

你可以改变你的态度,你可以改变你的生活。

我们面对的任何一种事实都不如我们对它的态度重要,因为态度决定我们的成败。

——诺曼·文森特·皮尔博士(Dr. Norman Vincent Peale)

生活中，我们熟悉那些具有负面态度的人们。他们总是在抱怨，在他们那里什么事情都不对。他们永远是生活中的受害者。他们让周围人讨厌，而且他们似乎让我们情绪低落、沮丧。这是因为他们在一个低频率上运转，通过吸引力法则，他们吸引来更多他们抱怨的东西。原因就在于他们一直将自己的思想和能量投入到他们过去和现在生活中的负面信息，以至于形成了一种负面的生活方式，胶着其中，不能自拔。这样一来，他们就一直处于相同的境遇中。记住，说什么来什么，想什么是什么。

另一方面，我们也认识那些乐观积极的人们。他们看上去总是那么开心，他们似乎是一群真正掌控自己生活的人。对周围的人来说，他们更快乐，更有力量，他们在更高的频率上运转。他们似乎总有办法遇到好事情，毫无疑问他们很快乐。他们关注于当前生活中积极的方面，并且心怀感激，对未来的美好生活心怀期盼。这样，经由吸引力法则，他们就主动地参与创建自己的幸福生活了。

你认为自己有多快乐，你就有多快乐。

——亚伯拉罕·林肯（Abraham Lincoln）

尽可能地跟那些积极的、怀有希望的、具有提升作用的人们在一起。花时间跟精神崇高的人在一起，他们用健康的方式爱你、支持你，他们激励你的成长，为你的成功喝彩。为自己创建一个人际支持网络，这个网络是由那些有积极态度和能量、能带给你启发的人们组成的。

你也需要考虑寻找一个与达成你的个人成长愿望有关的教

堂、慈善组织或其他的团体。你也可以组建你自己的群组，在这个群组中人们有着共同的兴趣和目标。群体是很有力量的，参与这样的群体会有更好的心态。根据一定规则，具有共同目标的人们聚集在一起，在很短的时间里大家都会经历很大的成长。像这样的众志团体会提供一个独特的分享观点、反馈、头脑风暴、诚实、责任和灵感的场所，是多年来被证实了的工具，用于商业上的成长和成功。亨利·福特（Henry Ford），托马斯·爱迪生（Thomas Edison），拿破仑·希尔（Napoleon Hill），哈维·费尔斯通（Harvey Firestone），以及安德鲁·卡内基（Andrew Carnegie）都是相似的众志团体的成员。

我的一生中从来没有做过一天的工作。

所有的工作都是乐趣。

——托马斯·爱迪生（Thomas Edison）

那么，在我们的生活中我们应该怎样与消极的人相处呢？首先，记住你不对他们的成长和觉悟负责。对他们而言你仅仅是一个例子，将你的能量振动尽可能保持在高频率上。当他们还没有准备好的时候，你不能交给他们任何东西。然而同时我们要谨记没有一个人是完全消极的。在你的人际关系背景中，你要关注他们身上存在的好品质，并且称赞他们的品质。你也可以称赞你真正喜欢和钦佩的关于他们的事件，这样可以鼓励他们更多地去表达这些积极的品质。

不要评价你生活中消极的人——如果可能的话，尽量避免与他们接触，并且努力让自己成为乐观积极的典范。当然，如果消极的人是家人或工作伙伴，那就很难避免跟他们在一起；但你要尽最大可能避免任何冲突，保持你自己的积极态度，如果发生冲突，不要感情用事。最后，你要决定在你的生活中究竟是否需要保留这些人际关系。

你的态度至关紧要——它影响你的情绪，而你的情绪会反过来影响你周围的能量场，并且会同步传递给宇宙要求更多与你情绪一致的事物。近距离、诚实地观想一下你在生活各个领域中的态度。还有提升的空间吗？

变得快乐的艺术在于从平凡事物中提炼快乐的能力。

——亨利·沃德·比彻(Henry Ward Beecher)

试着改变你的态度，并且试着从你生活中简单的事情上寻找快乐。我们每个人都有一些典型的过去、一直恐惧的日常琐事和世俗的烦恼。为什么不挑战一下自己，将这些世俗的烦恼转化成自我成长的机会呢？改变你清除垃圾和付账的方法。它们是必须的日常事物，它们会一直存在，因此你需要尽可能试着去享受它们。当你清理厨房和倒空垃圾的时候放点音乐。学着祝福你付的每一笔账单，伴随着爱将其寄出。感谢你是如此幸运，并且感谢在生活中你拥有这一切。你完全可以转移自己的能量，开心一点，将这些看成是关爱自己和为你关爱的人做些事情的机会，好过将它们看成难以承受的世俗烦恼。当你学会在完成每一个任务时和在每一个境遇中都能带着愉悦和爱心，你就会发现你的生活中有了一些变化。生活完全是由你自己造就的。

记住，生活是一个旅程，它是用来完成自我成长的。选择保持一种积极的态度，变得快乐、感激、慈爱和慷慨。让自己置身于积极的人群和能量之中。用小孩所拥有的兴奋和惊奇去期待新的每一天。谁知道在下一刻又有什么奇迹发生呢！坚持信念，并且保持开心，你的未来就会奇迹般的在你面前展现。

大多数人都在寻求快乐。他们寻寻觅觅，

他们期望在自己之外找到能让他们快乐的

人或事。这大错特错。快乐是你自己的事情，

并且它来自于你的思考方式。

——韦恩·戴尔(Wayne Dyer)

感恩和感谢之心

你能够热望的最好态度是感恩或者感谢。真心诚意地感谢你的生活中已有的事物，将会自动地毫无费力地吸引更多美好的事物进入你的生活。有意识地去感谢你的已经受到祝福的所有。这些情绪都是最高振动频率，并且通过吸引力法则它们会吸引来更多值得感谢的事物。

甚至试着感谢出现在你生活中的困难和挑战的境遇。通过这

些境遇，我们经历了最丰富的精神和情感的成长。你可以学着将每一个障碍当做发展一种新品质、力量、技巧、洞察力或者智慧的机会，并且由衷地感谢这些教训。每一个挑战都是我们成长和扩展的又一个机会。

抓住这些时机，并且感谢你在这个过程中学到的所有。在这些时刻保持积极态度，持有一颗感谢的心，不仅会帮助你避免吸引更多的困难境遇来到你的生活，还会创设一个积极的能量场，从而吸引来更多你想要的。

快乐本身就是一种感恩。

——约瑟夫·伍德·克鲁奇(Joseph Wood Krutch)

毫无疑问，我们所习得的所有态度中，
感恩是最重要的一种，也是最能改变生活的一种。

——齐格·齐格勒(Zig Ziglar)

感恩物

试着每天在你的口袋里放一块硬币，或一小块石头、水晶，或者其他有意义的物品。在一整天中，每次你手伸进口袋掏钱和钥匙时，你都会碰到它们，当你碰到它们的时候，就是提醒你停下来想一想你需要感恩的事情。这是能够增强你的认识的一个好方法：你所拥有的一切都值得感恩。停下来,做个深呼吸,并且真心体会感恩的情感。这个简单留心的技巧帮助提升你的振动频率,并且将你保持在一个持续感恩的状态中。

愉快是一种态度;它是爱自己和爱他人的体现。
它是一种内心平和的感受,它是给予和接受的能力,
它是对自己和他人的感谢。愉悦是感恩和怜悯的
一种状态,是与你的更高自我联结的一种感受。

——无名氏(Author Unknown)

你的感恩日志

开始记感恩日志,这是你成长和提升觉知过程一个必需和很有价值的工具。每天的记录不要太长,从日记中抽出一些事情,只是在特定的一天你很感激的五件事情的简短清单。这是接受和感谢每天你生活中美好事物的地方。

感恩。每天晚上,在你上床之前,花几分钟时间回顾一下当天。想想当天发生的事情。其实在这样的一天有很多美好的事情发生,记住并感谢这些美好的事情,甚至是你面临的挑战。选择你最想感谢的五样东西、五个人或五件事情。没有对错,在这样的一天你想真心实意地感谢的任何人或事物都可以。你感恩的也许是照射在你脸上的温暖阳光、凉爽的风、友好的话语、一个朋友,或者仅仅是

对当天完成了的事物感觉良好；也许你感恩的是你处理特殊情况时打破常规的一种方法。你可以写下任何你想感恩的事情。当你将它们记在你的日志上时，一定要心怀感恩和感谢，对你写下的那些人、事、物说“谢谢”。

感谢。花点时间去感谢发生在你个人身上的变化，把它们写下来。感谢吸引力法则在你生活中的完美运作。记下吸引力法则所带来的任何具体事件——你预想的停车位，你想安排的会面，你收到的奖金支票，你想要的评级，答应你邀约的人。奇迹就发生在我们的日常生活中。它们就发生在你的身边。以它们为荣，并且注意它们。通过感谢，你就会越来越容易感知到吸引力法则带入你生活的即时变化。

将你用以沉思和写感恩日志的时间作为你日常事务中的一个重要部分，你的愉悦和感恩的持续表达将会吸引更多的愉悦、爱和富足进入你的生活。

你会开始注意到你对日常事件的感知发生了变化。你将对每天发生在你身边的积极事件更加敏感。你的关注点将会转移，你的能量将会转移，并且你将感恩你已经受到了怎样的祝福；并且吸引力法则将会回馈你正在创设的较高振动。

享受这个日志。

带着愉悦和感恩度过每一天。

满怀感恩的生活有一种淡定，一种从容的喜悦。

——拉尔夫·H·布鲁姆(Ralph H. Blum)

第十三章
祈祷和冥想

祈祷和冥想是我们与更高力量的联结

每天花点时间远离混乱和喧嚣。每天确保花时间待在一个安静平和的地方，这是你自己对心灵澄净和内在平和的一种承诺。我们需要这样的时间和空间让我们记住我们到底是谁、什么是重要的、我们的人生真谛在哪里。在这段时间里我们用以定静思想、抚慰心灵。这使我们的生活恢复平衡，并且让我们与我们的源头重新联结。

通过祈祷、冥想和沉思，我们能够最大可能地聆听我们内在的声音。在这个时间我们停下来，不仅仅是为了与上帝联结，也是为了跟我们自己以及我们自己创造的潜意识思想进行联结。这个时间是我们身体上、情感上和精神上最深层次的滋养。

安静的沉思让我们内省，进而与我们自己更深的真实和智慧重新联结。每一次练习，我们都在敞开心扉，拓展思想，让自己做好准备接受神的引导和启示。

持续祈祷的价值不在于上帝能够听到我们，

而在于我们将会听到上帝的箴言。

——威廉·麦吉尔(William McGill)

如果之前你从来没有做过冥想，你可以从下面简单的方法开始。

找一个安静并且舒服的地方，留出至少10~15分钟不被打扰的时间，自己一个人静静地度过。舒服地坐着，背部自然挺直，但不是僵硬的。做一个深呼吸，放松，并尽最大努力将过去和未来的所有思想都抛开，将你的注意力集中在当下的此时此刻。

关注你的呼吸。呼吸时，将注意力放在感受进出身体的空气上。感受在吸气……呼气时腹部轻轻地伏起和落下。感受你吸气和呼气时进入鼻孔和离开鼻孔的空气的清凉和温暖。注意每一次呼吸的变化，注意到每一次呼吸都有所不同。

观察你头脑中进进出出的思想。当思想在你脑中显现时，不要忽视它们或者压抑它们——只是注意它们，并让它们自然地飘走，总是将你的注意力返回到你的呼吸上。

如果你被思想牵走了，只是观察思想去了哪里，不用评判，只是再次将注意力返回到呼吸上。让你的呼吸锚定你的思想。

快要结束时，安静地坐着，慢慢地将思想和意念回归到周围的环境上。慢慢地起身，伸展一下身体。现在你全身轻松，精力充沛，已经准备好回到你的日常生活中了。

如果我们懂得全神贯注的精妙，

如果我们懂得冥想的精妙，如果我们懂得沉思的

精妙，那么我们就能轻而易举地，并且是有意识地

将内在世界和外在世界联结起来。

——钦莫伊(Sri Chinmoy)

冥想的方法有很多，但通常来说，它们都是由简单地保持一段时间的安静和将你的注意力放在呼吸或者一些颂词上组成。如果你刚学习练习冥想，你的思想会游移不定，在一开始你容易走神。记住这个时候不要对自己太严厉。这只是学习如何冥想的一部分。我喜欢这样的一个比喻：冥想就像站在河岸边看水中漂流的船只。一不留神你发现自己已经在一只船上，顺水漂流而下。你要做的只是简单地从船里出来，爬回到河岸上，继续观察河里的船只(头脑中的思想)。别担心你是否在正确地冥想。随着时间的推移，练习的增多，你的保持注意的能力会得到提高。

经常进行冥想练习会帮助你清除让你分心的思想，净化你的思想，提升你的精神联结。冥想让你恢复精神，放松身体，定静心灵。冥想是对内在心灵询问和反馈的工具，它是定静你的思想以接收神的引导的最好方法。通过冥想练习，你开始更加了解你自己细微的直觉冲动、洞察力、观点、情绪和灵感。

冥想是外在觉知的分解，或者是非客观的纯意识、非思考的觉知，是无限与有限的融合。

——沃尔塔(Voltaire)

每天花时间去静静地沉思、祈祷或者冥想。

这有一些简单的祈祷你可以使用。

为了致力于改变我们的生活，

我们要求引导和澄清。

我们要求寻找我们的目的，以及生活的使命。

我们要求内在智慧的启发。

我们要求被服务。

我们要求帮助解除任何旧有的、消极的或者限制性的思想模式。

我们要求我们的思想和行为为那些善良的人们展现。

我们要求奇迹不仅仅展现在我们自己的生活中，也出现在他人的生活中。

我们感谢。

我们要求和平。

我们要求和谐。

我们要求让世界与众不同。

通过祈祷和冥想会产生一种内在的力量，帮助你清空焦虑以及消极思想，留出空间，填满快乐、福佑和爱。这些都是转变的过程，会在细胞水平上改变你。它们会逐渐改变你的大脑的波动模式，增加你的美好感受，并且创设一种幸福的感觉。除此之外，这些积极情绪的振动频率是与你想吸引进你生活的事物高度协调统一的。

通过祈祷、沉思和冥想，你是在用一种更高的力量调整自己，是在将自己开放给无限的潜能以及宇宙无限的智慧。你对心灵成长和拓展的用心追求，会改变你的意识，会提升你的觉知，让你更好地察觉奇迹、环境、可能性以及吸引力法则带入你生活的即时变化。通过祈祷你也是在感谢，你也是在感谢你生活中发挥作用的更高的力量。

祈祷、沉思和冥想是你生活中最基本和强有力的工具。

承诺去使用它们。

它们能将你带入实现梦想的正确轨道。

只要你相信，你会接收到在祈祷中要求的任何事物。

——马修(Mathew)

第十四章
行　动

采取行动吧

从打开你的思想和心灵开始。每天专心使用我们为你提供的工具,努力更好地觉知,觉知那些已经存在于我们生活中的让人惊奇的事物。这些事物由你引发,经由吸引力法则与你的思维同步。将游移的消极思想和情绪一扫而空,清除所有的疑虑,然后每天采取行动。这将让你接近你的目的,实现你的梦想。

你可以采取的两种行动

外显行为

我们都很熟悉外显行为。有关外显行为的一些例子是:如果你想有辆新车,那就出门去试开你心仪的所有汽车,挑选精密制造的汽车并且标定你想要的，将你收入的10%存起来作为“买车款”。如果你想成为一个医生，那么外显行为就是这样一些事情：申请医学院，选修医学院预科的课程等等。外显行为是合理的，是有意识思维中发生的可预言的行动步骤。

受到启发的行为

受到启发的行为是非显性的，经常看起来似乎与你的最终目标完全无关。一旦你通过使用视觉书、发愿、视觉化、日常感恩日志、冥想和祈祷与你的更高的意识建立联系，宇宙就会回馈你达成梦想，实现愿望的思想、人、机会、金钱和其他的资源。

你将会从你的梦想中发现灵感、直觉冲动和温和的激励。你必须根据他们来行动。让你的好奇心和兴趣引导你，这是受到神灵启发的行为；相信你的直觉，跟随你的预感，聆听你的心声。受到启发的行为是你的信念和正面期待的真实例证。这种行为是经过潜意识过滤的，并且被你对所有围绕在你周围的可能性的觉知和开放所激励，它涉及到你的信任和联结。我们要有勇气和信心践行我们受启发的行为，因为对我们而言，并不像熟悉外显行为那样了解受到启发的行为。

梦想转化为现实行动，现实行动中又孕育出梦想，

这种交互作用造就了最高形式的生活。

——阿内丝·林(Anais Nin)

有时候你的直觉冲动是非常微弱的，看起来似乎与你的梦想实现并没有直接关系，但是如果你跟随它们，你的生活将变得非常不可思议。以你的愿望为基础，你很快就会进入转变的精彩轨道，成长和完善。这条轨道可能跟你原来想象的有点不同。学着去相信你的深层自我，学着去相信这个进程。学着去信任宇宙。你是在跟一个更高的力量合作，它比你知道的更多，看得更远。

因此，不仅要准备好去做合乎逻辑的显然要做的步骤，这将引导你走在通往梦想和愿望的正确路途上，而且我们也要去做那些不太显然的行为。保持坚定的信念，同时自信地一步一步移向你的目标，记住，在这个过程中宇宙会支持你的努力。简单地说，你采取的任何一个行动都是你的信念和希望的一种拓展。如果你并不相信事情是可能实现的，你也根本不会采取任何行动。

最基本的区别就在于，外显行为在更大程度上代表的是仅仅是你，只有你自己；而受到启发的行为是你，运用你潜意识的力量，相信，并且与宇宙一起合作。这两者的结合就是一种完美。

思想是花朵，语言是蓓蕾，行为就是随后的果实。

——拉尔夫·沃尔多·爱默生(Ralph Waldo Emerson)

记住，通过吸引力法则，宇宙会向你提供你达成目标所需要的所有东西。你将会吸引必需的资源、观点和人进入你的生活。可是该由你决定认识它们，并由你决定将这些受到启发的思想和观点坚持到底。

你想要的任何事情都在那里等着你去要求。

你想要的任何事情同样需要你，但是你必须采取行动去获得它。

宇宙希望你成功。

期待你的每一个需求都能得到满足。

期待每一个问题的答案。期待每一个水平上的丰足。

——艾琳·卡迪(Eileen Caddy)

开始为本来就属于你的美好和富足预留空间吧。记住你是多么的强大。仅有梦想和愿望是不够的，你必须真正地从内在和外在两个方面采取行动去创建你的理想生活。你也需要经过充分的训练，坚持各种日常仪式(比如发愿、冥想和视觉化等)，让自己保持在积极振动的状态。这种状态与你渴望的未来相匹配。

因此，确保每天采取这些行动。

将这些仪式整合到你的日常安排中去。

日常功课

1. 每天早晨从观想开始。每天早晨醒来至少花5分钟时间观想一下你的愿望、目标和计划。找一个舒服的姿势，闭上眼睛，视觉化你的所有目标和愿望，就像它们已经实现了一样。切实地体会梦想成真时会有的情绪。想象你的生活正如你所希望的一样展开。

2. 每天使用你的工具。你的视觉书、感恩日志、感恩物和宣言都会提供切实的外部灵感，并将你转换到积极的能量场。保证每天都使用这些工具，并在你的生活中运用它们。

3. 开始注意每天你的情绪反应与你的人生目的和创设你想要的生活脱离多少次。只要你意识到了这种脱离，调整自己，重新回到正确的轨道上。将你的思想和感受调整到与你想要吸引的事物相匹配的振动上。将自己的注意力保持在那些给你带去快乐的事情上，并且保持你的正面期待。

4. 记住对你生活的所有领域感恩的重要性。每天都花点时间去与高级智慧以及自己进行联结。

5. 每天都采取与你的人生目的、目标和愿望相一致的行动。增强意识和觉知。实践你的灵感。信任你的情绪和直觉。关注你收到的反馈，并且回应它们。每天都向你的梦想推进。

6. 感谢吸引力法则在你生活中的运作。确认吸引力法则发挥作用的每一个证据，并且给予感谢。你对吸引力法则正在工作了解的越多，吸引力法则为你做的更多。就是这么简单。

察看你自己的能量想去哪里，而不是你认为它应该去哪里。做一件事情是因为这件事感觉是对的，而不是因为这件事讲得通。遵从心灵的冲动。

——玛丽·贺氏·格里科(Mary Hayes-Grieco)

紧紧地抓住你的人生目的，并且想象你已经创造了你的未来，想象你身体的每一部分都拥有着它们。让你的所有行动与你的更高目的联结，并且让你的意图纯净，你将会吸引令人惊奇的和美好的事物进入你的生活。因此，不要害怕，保持开心，并且敢于尝试一些冒险。大胆地去追求你的梦想吧！要相信宇宙会在各个方面全力支持你。

坚定地走向你的梦想和愿望，相信它们不仅是可能的，而且它们已经在实现的过程中了。

如果你有勇气开始，那么你就有勇气去成功。

——大卫·威斯康特(David Viscott)

第十五章
相　信

相信

我们提供的工具已经为你准备好了土壤，但是你必须植入种子,并且要创设一个滋养种子成长和扩展的环境。现在你已经向宇宙提出了你的要求,你必须相信宇宙已经接收到了,而且你的要求会实现。保持弹性。相信你所想要的已经在那儿了,然后一切交给宇宙就可以了。虽然可能你并不知道通往梦想的正确路途,路途自己会自然显现。乐意采取行动。一旦你将自己投入进梦想,吸引力法则就会负责后面的事情。生活将会为你展示实现你的梦想需要的人、环境以及任何其他需要的东西,并将他们变成现实。

你必须换个角度看世界。

——穆罕默德·甘地(Mahatma Gandhi)

我们希望你能够作出个人的承诺：为你自己创设更好的生活，为我们所有人创造一个更好的世界。想象这种可能性。想象我们所有的人变得更加自觉，所有的人都有一种积极的状态，我们的世界将是多么的惊奇。我们能够改变整个地球的能量，在同一时间我们也能改变一个人。通过我们的意识、慷慨、承诺和计划，我们可以真正地按照宇宙的自然法则生活，并且恢复我们的自然平衡。我们可以创造一个充满爱、快乐、融洽及和平的世界。

放弃你的小小野心，来拯救世界吧。

——圣女方佳·泽维尔·加比尼(St. Frances Xavier Cabrini)

我们长期生活在一种遗忘的状态，完全不知道我们真正有多么的强大。现在就是开垦我们能量的时候。现在就是为我们的生活状态以及我们生活的世界的状态负全部责任的时候。现在就是重拾我们原本就有的快乐和富足的时候。

吸引力法则一直在运转。

你已经开始了。

未来属于你。

预想、感受、相信它。

只用坚定地迈开第一步。你不需要看到整个楼梯，只是迈出第一步。

——马丁·路德金(Martin Luther King Jr.)

充分地运用吸引力法则，创造你的梦想人生

☆每天应用你的宣言。

☆每天使用你的感恩日志。

☆每天使用你的视觉书。

☆每天花时间祈祷和冥想。

☆忠实于你的目标。

☆相信你的梦想。

☆关注积极面。

☆在生活中经常感恩。

☆视觉化你想得到的生活。

☆对生活充满热情。

☆慷慨大方。

☆快乐无忧。

☆做那些让你感觉良好的事情。

☆在任何一种情境中寻求最好。

☆聆听你的心声。

☆回应内在的和外在的反馈。

☆遵从你的受到启发的思想。

☆对你周围发生的奇迹保持觉知。

☆敢于冒险。

☆坚定地行动。

☆感谢你看到和感觉到的变化。

☆记住吸引力法则。

☆信任。

☆将你的梦想释放到宇宙中，并相信宇宙会找出让它实现的方法。

这是开启吸引力法则的钥匙。这是创造你的未来的钥匙。

我的感恩日志

写给那些在人生旅途中激励过我们的人……我们深深感激。

感恩

感恩是一种祈祷。

感恩是发自内心的感谢，是愉悦和慷慨的一种表达。无论何时,只要你是在感恩,你就处于一种自然丰盈的状态。通过感恩,你将思想和能量倾注在你生活中已有的美好和富足上。你是在向宇宙发出清晰的信息:你想在生活中经历更多的美好和富足。没有任何一种祈祷会比真心实意、全心全意的爱、欣赏和感激更美好。这些纯净的情绪具有最高的振动频率,并且通过吸引力法则,它们会吸引来更多值得感激的事物。它们与宇宙原本会提供的所有美好和富足具有相似的振动频率。

让自己心存感激吧。让自己生活在持续的快乐、感恩和欣赏之中,并且认识到你是多么的幸运。即使是最简单的事情也不要视作理所当然，这些简单的事情也是宇宙的赐予，是我们生活的一部分,同样值得我们欣赏和感谢。心存感激,并表达出来,这对你自己很有好处。它能提高你的幸福感、觉知、热情、果断和乐观。它会提升你的振动频率,并且不断增强你的愉悦、感恩和富足感,让你的生活越来越好。

如何使用这个日志本?

这个日志本包含两部分:我的感恩日志和肯定。前者是你每天的感恩记录,后者是你的反馈,收获和珍藏。

我的感恩日志

每天我们都有那么多的事情值得去感激。感恩日志为你提供了一个空间,你在这里接受并感谢你生活中的所有美好,你在这里感谢你已经拥有的所有幸福。你记录在感恩日志上的内容会进一步激励你，并且提醒你每天去关注生活中的积极面和许多领域的富足。根据吸引力法则,你记录下所有值得你感激的事物,就会吸引来更多相似的事物进入你的生活。这是一个非常简单的概念,在有意创造你想要的生活的道路上,这也是一个非常强力的工具,值得我们去了解和实践。

记住,我们生活中的苦难和挑战一样值得我们去感谢。苦难和挑战让你获得心灵和情感的成长，它们有时也是你发展一种新的品质、勇气、技巧、洞察力或者智慧的机会。感谢苦难和挑战带给我们的教训和成长吧!

接受困难和挑战,感谢你在这个过程中学到的所有东西。在你努力的过程中,一定要有一个积极的心态,有一颗感恩的心,这样你可以避免创造或者吸引更多的不好境遇来到你的生活中。通过学着感谢你所经历的苦难，你就会主动地将你的能量转移到最高可能的频率上，也会创设出与你想要吸引的积极能量和经历相匹配的振动。

因此,抽出点时间吧,用心地观察,发现你生活中已有的美好,并真心地感谢这些美好。你越是关注这些,你越是会自动地、毫不费劲地吸引来更多的美好出现在你生活中。做个承诺吧,每天记录你要感恩的一切。每天晚上睡觉之前，回顾当天，想想那些已经发生的事情。

意识到这一天真切发生过的美好，并且记得去感激你面临的挑战。选择你最想感谢的五样事物，五个人或者事件，写下它们。

这里没有对与错，不管你写了什么、写的是谁，在这样一个特别的日子里，只要是你真心实意想感激的就好。你想感激任何事情都可以。当你把它们写在你的感恩日志上，真实地感觉到自己的感激之情，把这份感激表达出来。用于感恩的时间会成为你日常生活不可或缺的一部分。

让你的一天开始于感恩也是一个好主意。每天早晨花点时间去感谢，只是简单地感谢你是如此的幸运。这样做了之后，你就是处于一种强力的积极引力的状态下开始一天的，这为你接下来的一天打下了一个好的基调。如果你喜欢在早晨写下你的感恩日志，同样是很棒的事情。我希望你在一天开始的时候和一天结束的时候都带着感恩。

肯定

感恩的同时，不要忘记观察由于感恩而产生的变化。

这一部分是专门用来确认的，确认那些你生活中已有的美好，确认那些发生在你周围的奇迹。

每天晚上睡觉之前，花点时间静静地沉思，注意你生活中正在发生着的变化。感谢围绕在你周围的所有奇迹。我们相信奇迹每天都会发生，而实际上奇迹每天也真切地发生了。注意到它们，接受它们,写下它们。坚持每天都花点时间去肯定你生活中已有的美好和奇迹,日积月累,你更容易发现生活中的奇迹,而且你会对发生在生活中的令人惊奇的即时变化更加的敏感。

这一部分记录你所经历的任何特别的事情，这些经历证明吸引力法则正在你的生活中发生效用。你越是关注吸引力法则是如何在你的生活中运转的,它就会为你带来越多你想要的。

记住,感谢和欣赏你生活的方方面面是很重要的,并且确保每天都与更高力量和真我进行联结。你会发现你对日常事物的感知在发生变化。你会更关注每天发生在你周围的积极的事情。你的关注点会发生转移,你的能量也会发生转移,你会感谢生活中你所受到的美好祝福。

最重要的是,吸引力法则会回馈你创造的更高的振动频率,让你梦想成真,幸福、美好、健康和富足!

我生活在感激之中……

感谢我付出和得到的一切。

感谢我生活的所有美好和我体会过的伤痛。

感谢我面临的挑战和走过的路途。

感谢我的勇气、天赋和已有的智慧。

感谢人生旅程和体验，感谢这一路上的美好。

感谢我的梦想和愿望，感谢我学会信任他人。

感谢欢乐和灵感，感谢我新发现的目标。

感谢展现出来的奇迹，感谢明天掌握在自己手中。

感谢过去我所获得的所有爱，也感谢我曾经付出的所有。

感谢我的朋友、我的家及家人，感谢发现自我的所有时刻。

感谢丰足和简单，感谢上苍的仁慈及其给予的机会。

感谢有机会让我与众不同，感谢知道我会梦想成真的坚定信念。

——D.D.Watkins(D.D.沃特金)

一月

写给那些在人生旅途中激励过我们的人……我们深深感激。养成一种感恩的心态，感谢你身上发生的所有事情，并且相信你走出的每一步都会让你变得比现在更成功、更美好。

——布莱恩·弗拉克(Brian Fracy)

1月

1月1日

1月2日

1月3日

1月4日

1月5日

1月6日

快乐是最简单的感恩方式。

——**拉尔·巴斯**(Rarl Barth)

1 月 7 日

1 月 8 日

1 月 9 日

1 月 10 日

感恩帮助你成长和扩展，感恩为你的生活注入愉悦和欢笑，也为你周围的人带去愉悦和欢笑。

——艾琳·卡迪(Eileen Caddy)

1 月 11 日

1 月 12 日

感恩就是你意识到自己拥有的比缺少的多。

——无名氏(Author Unknown)

1 月 13 日

1 月 14 日

1 月 15 日

1 月 16 日

1 月 17 日

1 月 18 日

1 月 19 日

1 月 20 日

1 月 21 日

1 月 22 日

所有美好和伟大艺术的本质都是感恩。

——弗里德里希·尼采

(Friedrich Nietzsche)

1 月 23 日

1 月 24 日

1月25日

1月26日

1月27日

1月28日

1月29日

1月30日

1月31日

感恩就是将记忆储存在心里
而不是头脑里。

——莱昂内尔·汉普顿
(Lionel Hamptom)

二月

感恩开启了生活的富足，它将我们已有的变得更多、更丰足。它将拒绝变为接受，混乱变为有序，迷茫变为清晰。它能将一餐变为盛宴，将房子变为家，将陌生人变为朋友。

——**梅洛迪·贝蒂**(Melody Beattie)

2月

2月1日

2月2日

2月3日

2月4日

2月5日

2月6日

心存感激但不表达出来，就像包装好了一份礼物，却不送出去一样。

——拉尔·威廉·沃德

(William Arthur Ward)

2月7日

上帝有两处住所：一个是天堂，另一个就是谦恭和充满感激的心灵。

——艾萨柯·沃尔顿

(Izaak Walton)

2月8日

2月9日

2月10日

2月11日

2月12日

说“谢谢”不仅仅是一种礼貌行为，更是一种美好的精神。

——阿尔佛雷德·莱恩特
(Alfred Lainter)

2 月 13 日

2 月 14 日

2 月 15 日

2 月 16 日

2 月 17 日

2 月 18 日

2 月 19 日

2 月 20 日

2 月 21 日

2 月 22 日

感恩是从心灵中开出的最美丽的花。

——亨利·沃德·比彻

(Henry Ward Beecher)

2 月 23 日

2 月 24 日

2月25日

2月26日

2月27日

2月28日

2月29日

感恩让我们看清楚过去，给今天带来平和，并且为未来创造愿景。

——梅洛迪·贝蒂

(Melody Beattie)

三月

快乐是一种态度，它是爱自己和爱他人的表现。它来自于内心的平和，来自于给予和接受的能力以及对自己和他人的感激。快乐是一种感恩和怜悯的状态，是与最高自我联结的一种情绪。

——无名氏(Author Unknown)

3月

3月1日

3月2日

3月3日

3月4日

3月5日

3月6日

欣赏可以让一个人愉悦一整天，甚至可以改变一个人的一生。而你所要做的就是将欣赏表达出来。

——玛格丽特·库森斯

(Margaret Cousins)

3 月 7 日

3 月 8 日

3 月 9 日

3 月 10 日

感恩是高贵心灵的标志。

——伊索寓言(Aesop Fables)

3 月 11 日

3 月 12 日

我坚持认为:思想的最高形式是感恩,感恩是非同一般的幸福。

——**吉尔伯特·R·切斯特顿**

(Gilbert R. Chesterton)

3 月 13 日

3 月 14 日

3 月 15 日

3 月 16 日

3 月 17 日

3 月 18 日

3 月 19 日

3 月 20 日

3 月 21 日

3 月 22 日

对于生活而言，关键在于：你是将所有事情看成理所当然，还是对所有的事情都心存感激。

——吉尔伯特·R·切斯特顿

(Gilbert R. Chesterton)

3 月 23 日

3 月 24 日

3 月 25 日

3 月 26 日

3 月 27 日

3 月 28 日

3 月 29 日

3 月 30 日

3 月 31 日

对上苍的真心感谢是最虔诚的祈祷。

——**戈特霍德·莱辛**

(Gotthold Lessing)

四月

他们的富有程度取决于他们梦想的明确、目标的一致、信念的坚定和感激的深沉。

——华莱士·D·沃特尔斯
(Wallace D. Wattles)

4月

4月1日

4月2日

4月3日

4月4日

4月5日

4月6日

智慧最明显的标志就是持续的快乐。

——米歇尔·蒙泰戈恩

(Michel Montaigne)

4 月 7 日

4 月 8 日

4 月 9 日

4 月 10 日

当我们在表达自己的感谢时，一定不要忘了：最深沉的感激不是你说了什么，而是带着这份感激生活。

——约翰·F·伦迪

(John F. Rennedy)

4 月 11 日

4 月 12 日

我们做的每一件事情都应该是为了感激上帝为我们所做的一切。

——劳琳·希尔(Lauryn Hill)

4月13日

4月14日

4月15日

4月16日

4月17日

4月18日

4 月 19 日

4 月 20 日

4 月 21 日

4 月 22 日

一个人绝不可能买到感激，只能买到表面的友好。

——安妮·莫洛·林德伯格

(Anne Morrow Lindbergh)

4 月 23 日

4 月 24 日

4 月 25 日

4 月 26 日

4 月 27 日

4 月 28 日

4 月 29 日

4 月 30 日

发现宇宙的资源是充足的；发现让人愉快的空气和水；清晨的散步或者傍晚的闲逛让我们重振精神；为夜晚的繁星感动，为春天里的一个鸟巢或者一朵野花而欢呼雀跃……这些都是简单生活中的回报，让我们美好和快乐。

——约翰·伯勒斯(John Burroughs)

五月

如果你用心寻找每一种境遇中的美好，你会蓦然发现你的生活充满了感激。感激是一种能够滋养你心灵的情感。

——哈罗德·拉什勒（Harold Rushner）

5月

5月1日

5月2日

5月3日

5月4日

5月5日

5月6日

感恩是最优雅的礼貌行为。

——雅克·马里顿

(Jacques Maritain)

5 月 7 日

快乐本身就是一种感恩。

——约瑟夫·伍德·拉奇

(Joseph Wood Rrutch)

5 月 8 日

5 月 9 日

5 月 10 日

5 月 11 日

5 月 12 日

如果终其一生你做的惟一祈祷是“感谢”的话，你的人生必定圆满。

——迈斯特·埃克哈特

(Meister Eckhart)

5 月 13 日

5 月 14 日

5 月 15 日

5 月 16 日

5 月 17 日

5 月 18 日

5月19日

5月20日

5月21日

5月22日

人类最深层次的渴望是被感激。

——威廉·詹姆士

(William James)

5月23日

5月24日

5 月 25 日

5 月 26 日

5 月 27 日

5 月 28 日

5 月 29 日

5 月 30 日

5 月 31 日

感激本身就是天堂。

——**威廉·布莱克**(William Blake)

六月

一沙一世界，一花一天堂，天际凭掌握，刹那化永恒。

——威廉·布莱克(William Blake)

6月

6 月 1 日

5 月 2 日

6 月 3 日

6 月 4 日

6 月 5 日

6 月 6 日

上帝给了我们两只手，一只手用于接受，另一只手用于给予。

——比利·格雷厄姆

(Billy Graham)

6 月 7 日

> 只有当我们的心灵意识到我们自身蕴含了丰富的宝藏时，我们才算是活着。
>
> ——**桑顿·怀尔德**
>
> (Thornton Wilder)

6 月 8 日

6 月 9 日

6 月 10 日

6 月 11 日

6 月 12 日

感恩让我们平和，洋溢着淡淡的喜悦。

——拉尔夫·H·布卢姆

(Ralph H. Blum)

6 月 13 日

6 月 14 日

6 月 15 日

6 月 16 日

6 月 17 日

6 月 18 日

6 月 19 日

6 月 20 日

6 月 21 日

6 月 22 日

生活在人生的所有祝福所带给你的被尊重的感觉之中。

——欧普拉·温弗瑞

(Oprah Winfrey)

6 月 23 日

6 月 24 日

6 月 25 日

6 月 26 日

6 月 27 日

6 月 28 日

6 月 29 日

6 月 30 日

有些时候我们自己的心灯灭了，从别人那里借来火星重新点燃。我们每一个人都应该深深地感念那些点亮我们心灯的人们。

——艾伯特·施韦策

(Albert Schweitzer)

七月

微笑之于人类就像阳光之于花朵。它们无处不在，却不琐碎；弥漫在人生旅途之中，带来不可估量的美好。

——约瑟夫·阿狄森(Joseph Addison)

7月

7月1日

7月2日

7月3日

7月4日

7月5日

7月6日

每一天都是带着特定的礼物来到的，我们要做的就是打开包装，取出礼物。

——鲁思·安·莎巴凯特

(Ruth Ann Schabaket)

7月7日

感谢上帝让我残障，正因为此我找到了自己，找到了工作，并找到了自己的精神天堂。

——**拜伦·卡迪**(Bileen Caddy)

7月8日

7月9日

7月10日

7月11日

7月12日

一旦我们发现如何肯定日常经验的无限价值，我们就能享有生命中最美好的事情。

——哈里·赫普纳(Harry Hepner)

7月13日

7月14日

7月15日

7月16日

7月17日

7月18日

7月19日

7月20日

7月21日

7月22日

我们必须明白，在日常生活中并不是快乐让我们感激，而是感激让我们快乐。

——艾伯特·克拉克

(Albert Clarke)

7月23日

7月24日

7 月 25 日

7 月 26 日

7 月 27 日

7 月 28 日

7 月 29 日

7 月 30 日

7 月 31 日

世上只有两种生活方式。一种是似乎没有什么是奇迹，另一种是似乎什么都是奇迹。

——阿尔伯特·爱因斯坦

(Albert Einstein)

八月

快乐是不能被传递、占有、买卖、耗损或者毁灭的。快乐是一种时刻生活在爱和感谢之中的心灵体验。

——丹尼斯·韦特利(Denis Waitley)

8月

8 月 1 日

8 月 2 日

8 月 3 日

8 月 4 日

8 月 5 日

8 月 6 日

感恩与电具有相似的特性：从根本上来说它必须通过产生、释放、用尽才能得以存在。

——威廉·福克纳

(William Faulkner)

8月7日

8月8日

8月9日

8月10日

没有错误，没有巧合。所有的事件都是宇宙给予我们的，能够让我们获得成长的祝福。

——伊丽莎白·鲁布尔·罗斯

(Elisabeth Rubler Ross)

8月11日

8月12日

对待每一件事情就像第一次遇到，也像最后一次体验。然后，你生命中的每个时刻都充满了美好。

——**贝蒂·史密斯** (Betty Smith)

8 月 13 日

8 月 14 日

8 月 15 日

8 月 16 日

8 月 17 日

8 月 18 日

8 月 19 日

8 月 20 日

8 月 21 日

8 月 22 日

生活在持续惊喜中的人们才算是清醒地活着。

——杰克·罗恩菲尔德

(Jack Rornfield)

8 月 23 日

8 月 24 日

8 月 25 日

8 月 26 日

8 月 27 日

8 月 28 日

8 月 29 日

8 月 30 日

8 月 31 日

珍视昨天，梦想明天，活在今天。

——理查德·巴赫(Richard Bach)

九月

活着、知晓、行动、聆听、注视、爱是我们每个人光荣的权利。抬头仰望夏季蓝色的天空；看着夕阳缓缓地沉入地平线；看着世人，还有不计其数的奇迹，一个一个地在我们眼前展现。世界有这些已是一种幸运，你我的存在更是一种幸运。

——马可·波罗(Marco Morrow)

9月

9月1日

9月2日

9月3日

9月4日

9月5日

9月6日

口头的感谢可以通过话语的多少来衡量，内心的感激则通过我们的行动来展现。

——**大卫·迈克瑞**

(David McRay)

9月7日

9月8日

9月9日

9月10日

快乐本身就是一种感恩。

——约瑟夫·伍德·克鲁奇

(Joseph Wood Kruth)

9月11日

9月12日

感激有两种:我们感到突然的一种是别人对我们的感激;我们感受更深一些的是我们对他人的感激。

——爱德华·阿林顿·罗宾逊

(Edward Arlington Robinson)

9月13日

9月14日

9月15日

9月16日

9月17日

9月18日

9月19日

9月20日

9月21日

9月22日

感激不仅仅是最大的美德，也是其他所有美德的源头。

——马库斯·图利斯·西塞罗

(Marcus Tullius Cicero)

9月23日

9月24日

9 月 25 日

9 月 26 日

9 月 27 日

9 月 28 日

9 月 29 日

9 月 30 日

感恩是一种宇宙法则，它是心灵的天性。地球上或者宇宙中的所有事情都因爱和赞美而运转，并对爱和赞美做出回应。

——**罗伯特·沙伊德**

(Robert Scheid)

十月

我，再次踩着脚下柔软而有弹性的泥土，沿着长满青草的小路，来到水草蔓延的小溪，将手指浸泡在水中，拨起层层涟漪；或者攀爬过一堵石墙来到一片绿色的草地，满地翻滚，扑腾进无尽的快乐。这些都是怎样的愉悦呀！

——海伦·凯勒(Helen Keller)

10月

10月1日

10月2日

10月3日

10月4日

10月5日

10月6日

为活着而高兴吧，因为它给了你机会去爱，去工作，去玩耍，以及给了你机会仰望星空。

——亨利·范·戴克

(Henry van Dyke)

10月7日

10月8日

10月9日

10月10日

全身心地去爱，去感受惊奇，去给予感谢和赞美，然后你就会发现生命的圆满。

——大卫·斯坦德拉斯特兄弟

(Brother David Steindl-Rast)

10月11日

10月12日

能够给予的人是生活在感恩中的人。带着感恩去生活，更有包容心。

——里拉·沃克斯 (Leela Vox)

10 月 13 日

10 月 14 日

10 月 15 日

10 月 16 日

10 月 17 日

10 月 18 日

10 月 19 日

10 月 20 日

10 月 21 日

10 月 22 日

赞美，或者感激，都是爱和自信的表现。

——**罗伯特·沙伊德**

(Robert Scheid)

10 月 23 日

10 月 24 日

10 月 25 日

10 月 26 日

10 月 27 日

10 月 28 日

10 月 29 日

10 月 30 日

10 月 31 日

如果存在曾经是一种奇迹的话，那么它永远都是一种奇迹。

——安德鲁·施瓦兹
(Andrew Schwartz)

十一月

只有一件事情能在人们之间形成一种联结，那就是感激……我们不能给其他任何人我们自身所拥有的能量之外的能量。

——查尔斯·德赛根特(Charles de Secondat)

11月

11月1日

11月2日

11月3日

11月4日

11月5日

11月6日

聪明的人不会为他没有的事物伤心，而是会为他拥有的东西高兴。

——埃皮克提图(Epictetus)

11月7日

早晨我带着真诚的谢意醒来，感谢我的朋友们，感谢那些老朋友，还有新朋友。

——拉尔夫·沃尔多·爱默生

(Ralph Waldo Emerson)

11月8日

11月9日

11月10日

11月11日

11月12日

内心是要经常光顾的地方。回到你的心灵之家，那里有温暖、欣赏、感激和满足。

——**艾亚·雷马** (Ayya Rhema)

11 月 13 日

11 月 14 日

11 月 15 日

11 月 16 日

11 月 17 日

11 月 18 日

11 月 19 日

最难掌握的算术是计算我们的祝福。

——艾瑞克·霍弗(Eric Hoffer)

11 月 20 日

11 月 21 日

11 月 22 日

11 月 23 日

11 月 24 日

11 月 25 日

11 月 26 日

11 月 27 日

11 月 28 日

11 月 29 日

11 月 30 日

感激或者欣赏你生活中的某个人或某些事，你真的就可以吸引更多你欣赏和重视的事情进入你的生活。

——克瑞斯汀·诺斯拉普

(Christiane Northrup)

十二月

如果后世的人们想起我们的时候是带着更多的感激而不是遗憾的话，我们必须做得更多，而不仅仅是创造科技奇迹。我们必须让他们瞥见世界初创时的影子，而不是一个完全改造过的世界。

——林顿·B·约翰逊(Lyndon B. Johnson)

12月

12月1日

12月2日

12月3日

12月4日

12月5日

12月6日

让我们感谢那些给我们带来幸福快乐的人们吧，他们是有魔力的园丁，让我们心花怒放。

——马赛尔·劳斯特

(Marcel Lroust)

12 月 7 日

12 月 8 日

12 月 9 日

12 月 10 日

谋划大事并不是最大的快乐，最大的快乐是将小事做到极致。

——**简·韦伯斯特**

(Jean Webster)

12 月 11 日

12 月 12 日

我对今天以及今天的所有祝福心怀感激。

——**克拉伦斯·E·霍奇斯**

(Clarence E. Hodges)

12 月 13 日

12 月 14 日

12 月 15 日

12 月 16 日

12 月 17 日

12 月 18 日

12 月 19 日

12 月 20 日

12 月 21 日

12 月 22 日

感谢你的家庭吧，要知道在这样的一个时刻，你所拥有的正是你所需要的。

——**莎拉·班·恩布瑞斯雷克**

(Sarah Ban Breathnach)

12 月 23 日

12 月 24 日

12 月 25 日

12 月 26 日

12 月 27 日

12 月 28 日

12 月 29 日

12 月 30 日

12 月 31 日

我现在开始意识到简单细小事情中的甜蜜，正是这些小事情让我们的生活真实而美好。

——劳拉·英格尔斯·怀尔德

(Laura Ingalls Wilder)

肯　定

感恩的同时，不要忘记观察由于感恩而产生的变化，肯定生活中的那些美好和惊喜。

——杰克·坎菲尔德（Jack Canfield）

自助/日志

“你将会很容易发觉有奇迹在你周围发生，并且你生活中的事件都将开始以一种看似不可思议的、神奇的方式展开。”

——杰克·坎菲尔德

就像杰克•坎菲尔德在《吸引力法则》中解释的一样，在你的人生中，如果你想要创造或者吸引你想要的事物的话，你需要做的最基本的事情就是感激和肯定。通过每日的感恩，你将自己调整到接收宇宙必然会提供的所有美好事物的频道上。

做到这一点很简单，你只需要将你的思想和注意力集中在你生活中已有的富足上，你就会慢慢地将你的能量调整成积极的振动、这将会自动地、毫不费力地吸引来更多值得你感激的事物。

这本感恩日志是供你一年使用的，由两个部分组成，一部分是提供给你写出你的感激的，另一个部分是让你用来肯定你生活中的美好和奇迹的。这本日志是一个强力的工具，将会帮助你提升你的意识，以及提高你对每天发生在你生活中的美好和即时变化的觉知。随着每日的感恩，你会创设与爱、愉悦和丰足相匹配的振动。根据吸引力法则，你的生活必然也满是爱、愉悦和富足！

高难度谈话

◆ 哈佛谈判小组潜心研究成果

◆ 全球畅销 10 年，依然雄踞美国亚马逊书店语言沟通类第 1

◆ 15 年潜心研究，数千次咨询实证，被译成 20 余种语言畅销全球

◆ 美国白宫 1600 名高层政治官员的必读教材

◆ 哈佛大学 MBA 沟通训练必读书目，麻省理工史隆商学院推荐书目

◆ 当当网五星畅销书，2011 年十大成功励志图书

客户迟疑不定；

供货商百般刁难；

突发的公共关系危机；

想让别人帮忙，却难以启齿……

本书教你破解潜藏在高难度谈话中的隐形结构，突破谈话瓶颈，实现完美沟通！

潜意识的力量

◆ 潜意识大师墨菲经典代表作，张德芬、黑幼龙推荐

◆ 有史以来销量最高、最受欢迎的自我激励书籍之一，全球销售超过千万册

◆影响人类进步的 50 部自励经典之一，改变了数百万人的思考方式，带你挖掘内心深处的力量

潜意识决定命运，约瑟夫·墨菲博士在本书中以科学的态度阐明了潜意识的存在，并列举了大量来自生活的实例，以说明潜意识的影响力。同时，他还向我们介绍了一些简单而有效的的练习方式，通过这些练习，我们将学会——如何吸引丰盛的财富；如何获得事业的成功；如何建立和谐的人际关系；如何经营美满的婚姻家庭；如何战胜内心的恐惧；如何在思想上永葆青春；如何追寻幸福的人生……

激发无限潜能

◆ 改变全球 5000 万人的顶级潜能开发书，让不可能之事亦有可能之法

◆ 世界第一潜能开发大师安东尼 · 罗宾首部巨著，畅销 2 5 年热卖逾 200 万册

◆ 克林顿、布什、撒切尔夫人、戴安娜王妃等政要推崇备至

◆ 哈佛大学商学院麦克阿瑟、《高效能人士的七个习惯》作者史蒂芬 · 柯维、《一分钟经理人》作者肯尼斯 · 布兰查德、陈安之联袂推荐

《激发无限潜能》是一次观念的革命。阅读完本书，你将知道如何赢得最佳表现，获得情感和经济上的自主权，如何赢得领导力和自信，如何获得与他人之间融洽的关系。其赋予了你重塑自己、重塑世界的知识和勇气。当下是一个遍布成功机会的时代，而《激发无限潜能》将是你最好的指路明灯。

唤醒心中的巨人

◆ 80 个国家、5000 万人受益的潜能开发力作

◆ 世界潜能开发大师安东尼 · 罗宾代表作王者归来

◆ 美国、英国、法国、德国、日本……全球畅销 20 年

◆ 哈佛大学商学院院长麦克阿瑟、陈安之、李开复联袂推荐

30 年来，数千想要自杀的人在安东尼的帮助下，走过难关……掌握了正确的方法，你就能在最短的时间激发你内在的潜能，释放能量，改变命运，创造一个全新的未来！

多年以来，包括布什、克林顿、曼德拉、戴安娜王妃在内的全球顶级政要，以及通用、惠普等全球 500 强企业高管在安东尼的帮助下，取得了前所未有的改变，从而渡过个人难关，或者使企业状况得以改善。

身体语言密码

◆ 商务谈判、市场攻略、职场面试必备工具书

◆ 世界知名企业、机构的人际关系培训教材

◆《纽约时报》畅销书排行榜，全球销售突破5000000本

◆ 被翻译为32种语言，风靡全球50多个国家

沟通细节决定成败，但你是否知道，重要的细节就埋藏在你细致的身体语言中？弄清对方的真实想法，只要做到这一点，你就能掌控一切。

《身体语言密码》是解析人类神秘的肢体信号的经典读本，是享誉全球的人际关系大师潜心 30 年力作。它是国际知名企业、机构培训的必备教材，也是政治家、商学院、营销专家人际关系的专修课程，堪称一本信息直达内心的交流指南。

吸引力法则

◆《心灵鸡汤》系列畅销书作者坎菲尔德实践“吸引力法则”三十余年的思想结晶

◆ 潘石屹、杨澜、毕淑敏、张德芬、李欣频……学习吸引力法则已经成为中国主流文化圈的一种潮流

◆ 欧普拉、赖利金现场、今日秀、蒙特尔秀、“夜线”……吸引力法则长期处于美国主流媒体的关注焦点

◆《高效人士的七个习惯》作者斯蒂芬·柯维、《男人来自火星，女人来自金星》作者约翰·格雷等一致推荐的大师杰作

◆ 各界名人热读热议，欧普拉、稻盛和夫倾心实践，世界励志大师安东尼·罗宾极力推赞